燃气供应系统的安全运行与管理

阳志亮　著

中国财富出版社有限公司

图书在版编目（CIP）数据

燃气供应系统的安全运行与管理／阳志亮著．—北京：中国财富出版社有限公司，2020.8

ISBN 978－7－5047－7204－6

Ⅰ．①燃…　Ⅱ．①阳…　Ⅲ．①城市燃气—供应—系统—运行—研究—中国②城市燃气—供应—系统—管理—研究—中国　Ⅳ．①TU996.6

中国版本图书馆 CIP 数据核字（2020）第 144889 号

策划编辑	李　伟	**责任编辑**	李　伟		
责任印制	梁　凡	**责任校对**	杨小静	**责任发行**	黄旭亮

出版发行	中国财富出版社有限公司		
社　　址	北京市丰台区南四环西路 188 号 5 区 20 楼	**邮政编码**	100070
电　　话	010－52227588 转 2098（发行部）		010－52227588 转 321（总编室）
	010－52227566（24 小时读者服务）		010－52227588 转 305（质检部）
网　　址	http：//www.cfpress.com.cn	**排　　版**	宝蕾元
经　　销	新华书店	**印　　刷**	北京九州迅驰传媒文化有限公司
书　　号	ISBN 978－7－5047－7204－6/TU·0056		
开　　本	710mm×1000mm　1/16	**版　　次**	2021 年 11 月第 1 版
印　　张	12.75	**印　　次**	2021 年 11 月第 1 次印刷
字　　数	194 千字	**定　　价**	59.00 元

作者简介

阳志亮，湖南邵阳人，工学硕士，高级工程师，深圳市地方级领军人才，曾获北京市第二十八届企业管理现代化创新成果二等奖，2019 Cloud Architect of the Year Excellence Award for Asia Pacific，多次获省市行业优秀 CIO 称号，在《TEIN》《集成电路应用》等学术论坛及刊物发表论文 10 余篇，现为深圳市中燃科技有限公司总经理，主要从事企业管理与能源智能化研究与实践工作。

前 言

随着我国经济的快速发展，城市化进程不断加快。为了提高人民的生活质量和保护环境，各个地区对燃气的使用越来越多，城市燃气覆盖率大幅度上升，逐渐形成了城镇燃气供应系统。该系统通常由气源系统、输送系统以及燃气使用系统三部分组成，具体包括：门站、储配站、输气管网、调压站、用户管网、用户计量和用气设备等。但同时随着城镇燃气供气范围和供应量的不断增大，全国各地相继发生多起燃气安全事故，严重威胁了广大市民的生命财产安全。因此，在城市化快速发展进程中，城市燃气的公共安全问题日益突出，亟待解决。目前，燃气安全问题已经引起社会各界的广泛关注，为了更好地进行风险评价，确保燃气供应系统的安全可靠性，本书对燃气供应系统的安全运行与管理进行了研究。

全书以燃气供应系统的安全运行与管理为主题，从燃气管道、特种设备使用、有限空间、自然灾害、人为因素以及突发事故等几个方面阐述了对燃气的安全管理，并在此基础上对燃气管网数据采集系统（SCADA）以及燃气用户安全信息监控平台进行了研究。

目录

第一章

燃气的安全隐患概述

在我国，燃气资源分布不均，人口大部分集中在东部，但是西部资源丰富。“西气东输”燃气输送项目涉及几万公里的燃气工程施工，同水电工程一样，属于安装配套工程，但是又与水电工程不同，燃气为易燃物，属于高危物品。因此，燃气施工现场的安全施工已成为大家关注的焦点。

第一节　燃气的类别与性质

城市燃气是由多种气体组成的混合气体，含有可燃气体和不可燃气体。其中，可燃气体有碳氢化合物（如甲烷、己烷、乙烯、丙烷、丙烯、丁烷、丁烯等烃类）、氢气和一氧化碳等；不可燃成分有二氧化碳、氮气等惰性气体。部分燃气还含有氧气、水及少量杂质。城市燃气根据燃气的来源或生产方式可以分为天然气、人工燃气和液化石油气等几大类。其中，天然气是自然生成的；人工燃气或是由其他能源转化而成的，或是生产工艺的副产品；液化石油气主要来自石油加工过程中的副产气。

一、燃气的类别

（一）天然气

天然气主要存在于地下多孔岩层中，包括油田气、气田气、煤层气、泥火山气和生物生成气，也有少量出于煤层。天然气又可分为伴生气和非伴生气两种。伴随原油共生，与原油同时被采出的油田气为伴生气；非伴生气包括纯气田天然气和凝析气田天然气两种，在地层中都以气态形态存在。凝析气田天然气从地层流出井口后，随着压力的下降和温度的升高，分离为气、液两相，气相是凝析气田天然气，液相是凝析液，称为凝析油。

与煤炭、石油等能源相比，天然气在燃烧过程中产生的影响人类呼吸系统健康的物质（如氮化物、一氧化碳、可吸入悬浮微粒）极少，产生的二氧化碳为煤的40%左右，产生的二氧化硫也少于其他化石燃料。天然气燃烧后无废渣、废水，具有使用安全、热值高、洁净等优势。

一般来说，天然气包括常规天然气和非常规天然气两类，其中常规天然气主要包括气田气（或称纯天然气）、石油伴生气、凝析气田气；非常规天然气主要包括煤层气、页岩气、天然气水合物等。需要注意的是，常规天然气和非常规天然气资源的区分边界较难界定，主要取决于地质条件。

（二）人工燃气

人工燃气主要是指通过能源转换技术，将煤炭或重油转换而成的煤制气或油制气，主要是由可燃成分氢、甲烷、一氧化碳、乙烷、丙烷、丙烯以及碳氢化合物和不可燃成分氧、二氧化碳以及氮组成。人工燃气的主要物理化学性质有：

①易燃易爆性：人工燃气同天然气一样具有易燃易爆的特性。

②毒性：人工燃气中含有一氧化碳。一氧化碳是有毒气体，它和血红蛋白的结合力为氧气与血红蛋白结合力的200~300倍。血红蛋白与一氧化碳结合，红细胞便失去输送氧气的能力，人体组织便会陷入缺氧状态，最终导致窒息死亡，这就是通常所说的一氧化碳中毒。

③比重较轻：人工燃气比空气、液化石油气轻。根据制气原料和加工方式的不同，可生产多种类型的人工燃气，如干馏燃气、气化燃气、油制气及高炉燃气等。

（三）液化石油气

液化石油气的主要成分为丙烷、丙烯、丁烷、丁烯等石油系烷烃类，其主要成分是含有3个碳原子和4个碳原子的碳氢化合物，通常被称为碳三、碳四，均为易燃物质。

液化石油气在常温常压下无色无味，呈气态，用降温或增压的方法可使其转变为液态，使用前通过减压或升温，使之转变为气态。从液态转变为气态时，其体积将膨胀250~300倍。

液态液化石油气比水轻，一般为水的重量的0.5~0.6倍；气态的液化石油气密度较大，是空气的1.5~2.0倍，泄漏后易聚集在低洼处，不易扩散。

液化石油气是一种高热值、无污染的能源。其充分燃烧的产物为二氧化碳和水，它的火焰温度高达2000℃，其热值是天然气的3倍，人工燃气的5倍。气态的液化石油气着火温度比较低，为360℃～460℃，液化石油气的浓度达到1.5%～9.5%时遇明火即可爆炸。液化气一旦出现泄漏极易发生危险，故液化石油气为易燃、易爆和可燃气体。液化石油气在空气中的浓度增至一定水平时会使人麻醉发晕，严重时可致人死亡。因此，液化石油气的危害性主要有两种：易燃易爆、有毒。

二、燃气的基本性质

（一）燃气的热值

燃气的热值是指1m^3燃气完全燃烧所放出的热量，单位为MJ/m^3。液化石油气热值单位也可采用kg/m^3。

燃气的热值分为高热值和低热值。指1m^3燃气完全燃烧后其温度冷却至原始温度时，燃气中的水分经燃烧生成的水蒸气也随之冷凝成水并放出汽化潜热，将这部分汽化潜热计算在内求得的热值称为高热值；如果不计算这部分汽化潜热，则为低热值。如果燃气中不含氢或氢的化合物，燃气燃烧时烟气中不含水，则只有一个热值。可见，高、低热值数值之差为水蒸气的汽化潜热。在一般燃气应用设备中，由于燃气燃烧排放的烟气温度较高，烟气中的水蒸气以气态形式排出，所以人们利用的只是燃气的低热值。因此，在工程实际中一般以燃气的低热值作为计算依据。

（二）着火温度

燃气开始燃烧时的温度称为着火温度。不同可燃气体的着火温度不尽相同。一般可燃气体在空气中的着火温度比在纯氧中的着火温度高50℃～100℃。对于某一可燃气体来说，其着火温度不是一个固定值，而是与可燃气体在空气中的溶度、与空气的混合程度、燃气压力、燃烧空间的形状及大小等因素有关。工程中，燃气的着火温度应通过实验确定，通常焦炉煤气的最低着火温度为300℃～500℃，液化石油气气体的最低着火温度为450℃～550℃，天然气的着火温度为650℃左右。

（三）燃烧速度

燃气中含氢和其他燃烧速度快的成分越多，燃烧速度就越快；燃气－空气混合物初始温度增高，火焰传播速度增快。燃烧速度一般采用实验方法或经验公式计算，经测算，几种燃气的最大燃烧速度如下：氢气为2.8m/s，甲烷为0.38m/s，液化石油气为0.35～0.38m/s。

（四）爆炸极限

城市燃气是一种易燃、易爆的混合气体，因此，在制备、运输、使用过程中必须注重其安全性。燃烧时燃气中的可燃成分在一定条件下与氧气发生激烈的氧化反应，同时生成热并出现火焰。爆炸是一种猛烈的物理、化学反应，其特点在于爆炸过程极快的反应速度，反应的一瞬间会产生大量的热和气体产物。所有的可燃气体与空气混合达到一定的比例时，都会形成具有爆炸危险的混合气体。大多数有爆炸危险的混合气体在露天环境中可以燃烧得很平静，燃烧速度也较慢，但有爆炸危险的混合气体若聚集在一个密闭的空间内，遇有明火即可瞬间爆炸，反应过程生成的大量高温、被压缩的气体在爆炸的瞬间释放出极大的气体压力，从而对周围环境产生很大的破坏力。反应产生的温度越高，产生的气体压力和爆炸力也成正比增长。爆炸时除产生破坏外，因爆炸过程某些物质的分解物与空气接触，还会引发火灾。

可燃气体与空气混合，经点火发生爆炸所需的最低可燃气体（体积）浓度，称为爆炸下限；可燃气体与空气混合，经点火爆炸所容许的最高可燃气体（体积）浓度，称为爆炸上限。可燃气体的爆炸上下限统称为爆炸极限。

第二节　燃气质量要求与输配系统

一、气源选择及混气

作为较为清洁的一次性能源，天然气日益受到人们的重视。随着天然气需求量的不断增加，国内许多地区出现了多气源供应的局面。如上海，目前已有西气东输、东海天然气、进口 LNG、四川普光气田气四种气源；截至 2020 年，广东省天然气管网也出现了海上天然气、陆地天然气、进口 LNG 三大种类九大气源联供的局面；目前，北京市天然气气源主要有陕甘宁气、土气、西气东输气，未来可能还要引入 ING 等。

多气源天然气可显著提高供应的可靠性，但也由此带来了互换性和燃具的适应性问题。为解决这个问题，较为可靠的方法就是进行实验。

对于多气源天然气的互换性和燃具适应性的研究，可考虑传统的三组分配气法和原组分配气法。前者仅保证配制气与目标的华白数和燃烧势相同，后者可保证各单一组分、燃烧势、华白数均一致，但对单一气体的纯度要求较高。

（一）三组分配气

常规的三组分配气法，即用甲烷、H_2、N_2或丙烷、H_2、N_2两组原料气进行配气。碳氢化合物热值和密度都较大、燃烧势较小；H_2热值和比重较小、燃烧势较大；掺混惰性气体 N_2可调整华白数和燃烧势。利用这 3 种气体，基本上可配制出与目标气华白数和燃烧势相同的任何燃气。在实际应用中，有的配制气虽然与目标气华白数和燃烧势相同，但燃烧特性有较大的差异。

（二）纯组分配气

纯组分配气可以保证配制气与目标气的华白数、燃烧势以及各单一组分均完全一致，但配气成本将大大增加，且常温下呈液态的重烃气体也很难配入。

（三）管道天然气结合纯组分的配气方法

简单的三组分配气，不能保证配制气与目标气的燃烧特性完全一致，采用纯组分配气又会提高实验成本，所以，在进行天然气互换性研究时，可采用已有管道天然气结合纯组分的方法，在保证配制气与目标燃烧特性基本相同的前提下，尽可能降低实验用纯组分的成本。管道天然气作为配气用原料气，使用前必须测定其组分含量。由于使用了管道天然气，配制气和目标气的组分往往不会完全一致，此时可用色谱分析仪的精密度来确定每一组分的允许偏差值，并用 AGA 指数法和 Weaver 指数法来判断配制气是否可在燃烧特性上完全替代目标气。当配制气中的某种组分与目标气中该组分的偏差在气相色谱仪的精度以内，即认为这种组分是一样的。

二、燃气加臭

燃气的安全供应和使用对国民经济及人们的生活有着十分重要的影响。燃气是一种易燃易爆的气体，达到爆炸极限后极易发生爆炸事故，人工燃气还有一定的毒性，易造成人员中毒事故。而天然气本身无色无味，若不加臭，在输送或使用过程中，一旦泄漏很难被发现，从而造成安全事故。燃气中加入示警作用的臭味剂后，即使有微量的泄漏也可以较容易地判断漏气，找出漏点，从而及时消除安全隐患。

（一）加臭剂质量和加臭量

国内城镇燃气行业一般采用四氢噻吩作为燃气加臭剂，四氢噻吩本身含有硫成分，燃烧后易生成硫化物而形成酸雨。目前，欧洲一些国家，如德国开始着手研究无硫加臭剂，其和四氢噻吩一样具有臭鸡蛋的味道。加臭剂应具有以下特点、性质。

①加臭剂的气味应明显区别于日常环境中的其他气味，且气味消失缓慢。

②加臭剂浊点应低于 -30℃。

③在燃气管道系统中的温度及压力条件下，加臭剂不应冷凝。

④加臭剂溶解于水的程度不应大于2%（质量分数）。

⑤在有效期内，常温常压条件下储存的加臭剂应不分解、不变质。

⑥在管道输送的温度和压力条件下，加臭剂不应与燃气发生任何化学反应，也不应促成反应。

⑦加臭剂燃烧后不应产生固体沉淀。

⑧加臭剂及其燃烧产物不应对人体有害，且不应造成与其接触的材料和输配系统的腐蚀或损害。

⑨加臭剂应具有在空气中能察觉的含量指标。

当城镇燃气自身气味不能使人有效察觉和明显区别于日常环境中的其他气味时应进行补充加臭。城镇燃气加臭剂的添加必须通过加臭装置进行，燃气中加臭剂的最小量应符合下列规定：

①无毒无味燃气泄漏到空气中，达到爆炸下限的20%时应能察觉。

②有毒无味燃气泄漏到空气中，达到对人体允许的有害浓度时，应能察觉；对于含有CO的燃气，空气中CO含量达到0.02%（体积分数）时，应能察觉。

（二）加臭剂的更换

加臭剂更换的准备工作应符合下列规定：

①燃气供应单位应在更换加臭剂前对本单位的人员进行培训。

②在更换加臭剂前至少48h，燃气供应单位应以公告等形式将更换时间和区域提前通知燃气用户，同时，应将更换后的加臭剂气味特点告知用户。更换加臭剂前，应对加臭装置进行清洗和检修，必要时应进行改造。更换加臭剂

前，所有与液态加臭剂接触的加臭装置密封件必须更换，并应能适应新加臭剂的性能要求。在更换加臭剂阶段，新旧两种加臭剂不得发生反应，不得互相抵消臭味。

三、城镇燃气输配系统

城镇燃气输配系统是一个综合设施，主要由燃气输配管网、燃气储配站、计量调压站、运行操作和控制设施等组成。

（一）燃气管道的分类

燃气管道是城镇燃气输配系统的主要组成部分，燃气管道主要根据用途和敷设方式进行分类。

第一，按用途分类。长距离输气管道，一般用于天然气长距离输送。城镇燃气管道，按不同用途分为以下三类：①城镇输气干管。②配气管，与输气干管连接，将燃气送给用户的管道。如街区配气管与住宅庭院内的管道。③室内燃气管道，将燃气引入室内分配给各燃具。

第二，按敷设方式分类。城镇燃气管道敷设方式有地下燃气管道和架空燃气管道两种。为了安全运行，一般情况下均为埋地敷设，不允许架空敷设，当建筑物间距过小或地下管线和构筑物密集、燃气管道埋地困难时才允许架空敷设。厂区内的燃气管道常采用架空敷设方式，其主要目的是便于管理和维修，并减少燃气泄漏的危害性。

（二）燃气管网系统

城镇燃气管网是由燃气管道及其设备组成的。按照低压、中压、次高压和高压等各类压力级别管道进行组合，城镇燃气管网系统的压力级制可分为以下几种。

一级制系统：仅由低压或中压一种压力级别的管网构成的燃气分配和供给的管网系统。

二级制系统：由中－低压或次高压－低压两种压力级别组成的管网系统。

三级制系统：由低压、中压和次高压或高压三种压力级别组成的管网系统。

多级制系统：借助低压、中压、次高压和高压等压力级别所构成的系统。

1. 低压供应方式和低压－级制系统

低压气源采用低压－级管网系统供给燃气的输配方式，一般适用于小城镇。

根据低压气源（燃气制造厂和储配站）压力的大小和城镇规模的大小，低压供应方式分为利用低压储气柜的压力进行供应和利用低压输送机供应两种方式。低压供应原则上应充分利用储气柜的压力，只有当储气柜的压力不足，以致低压管道的管径过大而不合理时，才采用低压输送机供应。低压湿式储气柜的储气压力取决于储气柜的构造及其质量，并随钟罩和钢塔的升起层数而变化。

低压干式储气柜的储气压力主要与其活塞的质量有关，储气压力是固定的，一般为2000～3000 Pa。为了适当提高储气柜的供气压力，可在湿式储气柜的钟罩上或干式储气柜的活塞上加适量重块。低压供应方式和低压—级制管网系统的特点是：

①输配管网为单一的低压管网，系统简单，容易维护管理。

②不需要压送费用或只需少量的压送费用，当停电时或压送机发生故障时，基本不妨碍供气，供气可靠性好。

③对供应区域大或燃气供应量多的城镇，需敷设较大管径的管道而提升成本。

2. 中压供应方式和中－低压两级制管网系统

中压燃气管道经中－低压调压站调至低压，再由低压管网向用户供气，或由低压气源厂和储气柜供应的燃气经压送机加至中压，由中压管网输气，再通过区域调压器调至低压，由低压管道向用户供气。在系统中设置储配站以调节用气不均匀性。中压供气和中－低压两级制管网系统的特点是：

①因输气压力高于低压供应，输气能力较大，可用较小管径的管道输送较多数量的燃气，以减少管网的投资费用。

②只要合理设置中－低压调压器，就能维持比较稳定的供气压力。

③输配管网系统有中压和低压两种压力级别，而且设有调压器，因此维护管理较复杂，运行费用较高。

④由于压送机转动需要动力，一旦储配站停电或发生其他事故，将会影响正常供气。

因此，中压供应及二级制管网系统适用于供应区域较大、供气量较大、采用低压供应方式不经济的中型城镇。

3. 次高压（高压）供应和高（次高压）－中－低压三级制管网系统

①高压（次高压）管道的输送能力较中压管道更大，需用管道的管径更小，如果有高压气源，管网系统的投资和运行费用均较经济。

②因采用管道或高压储气柜（罐）储气，可保证在短期停电等事故时供应燃气。

③因三级制管网系统配置了多级管道和调压器，增加了系统运行维护的难度。如无高压气源，还需要设置高压压送机，压送费用高，维护管理较复杂。因此，高压供气方式及三级制管网系统适用于供应范围大、供气量大，并需要较远距离输送燃气的场合，可节省管网系统的建设费用，用于天然气或高压制气等高压气源更为经济。

此外，根据城市条件、工业用户的需要和供应情况的不同，还有多种燃气的供应方式和管网压力级制。例如，中压供应及中压一级制管网系统、高压（次高压）供应及高（次高压）－中压两级制、高（次高压）－低压两级制管网系统或者它们并存形成多级制供应系统。

第三节　燃气安全事故及其危害

一、燃气安全事故危害

任何事物都具有两面性：燃气作为一种优质能源，当它在我们的掌控之中时，可以给城镇居民的生产和生活提供便利，但是，当系统出现异常时，就会造成一定的危害。

燃气是具有易燃、易爆特点及含有一定毒性的物质，其危害主要是燃爆危害和健康危害两大类。在燃气的生产、储运、运输过程中，工艺的连续性强、自动化程度高、技术复杂、设备种类繁多，具有发生严重破坏性的泄漏、火灾爆炸等重大事故的隐患，一旦发生事故，会迫使生产系统暂时或较长期地中断运行，造成人员伤亡、财产损失。

（一）燃气的易燃、易爆性及毒性

燃气的易燃、易爆性及毒性使得燃气一旦泄漏，就可能在泄漏点附近与空气混合，形成爆炸性气体。当遇到明火、高温、电磁辐射、无线电及微波等物质时，就可能引发着火、爆炸。城镇燃气（不含人工煤气）在进入城镇前，都要经过净化处理，必须达到规范要求才能进入城镇燃气输配系统，因此，城镇燃气（不含人工煤气）的毒性属低等，但浓度大时依然会使人窒息或中毒。而人工燃气含有无色、无味、剧毒的CO，尽管在城镇燃气质量要求中限制了CO的含量，但大量泄漏时，中毒后果仍然比较严重，甚至造成人员CO中毒死亡。

（二）燃气的扩散性

城镇燃气泄漏时会扩散。在压力较高时，燃气将高速喷射并迅速扩散。若泄漏的燃气没有遇到火源，则随着燃气扩散，浓度降低，危险性下降，但如果被引燃，则会发生火灾、爆炸事故。液化石油气发生泄漏时，会贴近地面扩散，不易挥发，极易被地面火源引燃，大量液态液化石油气泄漏时，在液化石油气急剧气化过程中还会迅速吸收周围热量，局部形成低温状态，可能造成人员冻伤或设备、阀门失灵。

（三）燃气系统的复杂性

城镇燃气系统属城镇基础设施，系统庞大、复杂，涉及的设备、设施种类多、数量大，建设年限存在差异，需要系统化的管理才能确保其完整性、安全性。

我国城镇燃气在发展早期，管道输配系统大多为中、低压管道枝状输配系统。近几年来，随着天然气供应量的增加，城镇燃气的输配系统已经由中、低压管网发展到高、次高、中、低压多级环网，增强了安全供气的可靠性。由于燃气种类的变化、管材设备的变化，使燃气管道的设计、施工及安装技术发生了很大变化，安全技术要求也日益提高。目前，许多城市和地区的燃气系统中，管道、设备的建设时间相差很多，这也给安全管理带来了不便。

（四）烟气危害

燃气完全燃烧后会产生CO_2和水，因为烟气温度高，水会以水蒸气的形式随烟气一起排出，燃气不完全燃烧时，烟气中就会含有燃气的成分、CO 等，如果烟气不能顺利排出，在狭小的空间聚集时就会使人窒息，甚至死亡。大部分燃气热水器中毒、死亡事故都是由于热水器燃烧时消耗了室内空气、燃烧后的烟气又聚集在室内，导致人员缺氧、中毒。

（五）职业危害

燃气属于低毒性气体，一般情况下不会造成从业人员的职业危害。但在燃气生产、储存及液化石油气灌装等场所，还是应该根据燃气浓度检测情况，注意对从业人员的劳动保护。

二、我国燃气事故发生的主要原因

目前，在我国引起燃气安全事故的主要原因多种多样，归纳起来主要有以

下几种情况。

（一）机械或其他外部影响

由于城市化进程的影响，很多地区都在大力开展基础设施建设，挖掘作业随处可见，施工者的违章操作或在未了解地下燃气管网设施铺设的情况下就盲目施工，容易导致地下燃气管道被挖断，燃气设施被破坏。这种外部的影响往往会造成燃气大量泄漏，抢修困难，影响范围大，从而导致下游燃气用户无法正常使用燃气，特别是工业用户，可能会因此产生很大的经济损失。

（二）地下移动、地质沉降引起管道破损

自然灾害也会导致燃气管道发生断裂、毁损，引起事故。我国是地质灾害与地震等自然灾害多发的国家。城市建设也会诱发地质灾害发生，北京、上海、杭州等多个城市都发生过因地铁施工造成地基塌陷，燃气、给排水、热力等市政管道断裂的事故。

（三）管道及燃气设施的缺陷

在管道设施建设中，不合格的产品、设计及施工都可能留下安全隐患，管道腐蚀、燃气设施设计缺陷、燃气用具缺乏熄火保护装置等，也是引发事故的重要原因。应该通过审查、验收、检测等手段，消除缺陷，防止事故的发生。

（四）错误操作及使用不当

一般用户对燃气缺乏了解，也是造成事故多发的原因之一。如安全意识淡薄、安全知识匮乏，使一些人在使用燃气设备时非常随意；燃气设备使用中无监管，发生熄火、漏气时不能及时发现；长期不使用燃气时，也不采取任何关闭措施等。

（五）管道及设备的安装问题

在城镇燃气规范中对燃气管道设施的布置、安装都有明确的要求，但仍然有些人不重视、不在意、心存侥幸，自行改动及覆盖燃气管道，将燃气设备安装在不允许安装的地方（如将燃气热水器安装在卫生间），不注意燃气的烟气排放问题等。在这些情况下，可能短时间内确实没有发生事故，但这不意味着不会发生事故，而一旦发生事故，后果就会比较严重。

（六）管理部门疏于检查、监管及培训

管理部门（燃气企业）负有安全检查、管理的责任，对员工负有教育、培训的义务。如果监管、教育不到位，就可能留下安全隐患。同其他行业一样，管理部门及企业领导对员工的管理相对还是容易实现的，但对燃气用户的管理就比较困难了：首先缺乏法律、法规的支持；其次，不具有处罚和强制执行的权力；涉及范围广，不能时时进行监管。当然，也存在因主观上疏于监管而造成的事故。

（七）其他原因

当然，还有很多其他原因可能导致燃气事故的发生，都应该引起管理、技术人员的注意。例如，设计不合理，建设、施工质量不合格，质量检验控制问题，运行、操作不规范等都是事故多发的原因。

根据国家规定，目前普遍采用第三方的工程监理制度。通过这种监控以达到控制工程质量的目的。当然，影响质量检验控制的因素有许多，必须加强管理，制订科学、合理的质量监控法规，提高监控技术水平，特别是要研究针对不断出现的新材料、新设备及新的施工技术的质量监控方法。如果没有合适的检验方法或手段来监控具体的质量工作，工程质量就难以得到保证；如果监控、检验内容不能满足标准、规范要求，或者不能满足工程实际需要，就会造成事故隐患。

燃气系统例行的维护、检修操作也是引发事故的潜在原因之一。这其中包括操作人员违反操作规程、误操作，设施存在安全隐患，故障未得到排除等多种因素，应避免这些看似“常规的”“正常的”操作成为事故导火索。

第四节 燃气安全管理相关条例

一、安全例会制度

（一）安全例会制度及形式

①定期安全工作会。

②不定期安全工作会。

（二）安全会议内容

①贯彻、传达上级关于安全生产、交通、消防工作的指示精神，研究、布置各项安全工作。

②对事故进行讨论、分析，提出事故处理意见，并制订改进和预防措施。

③重大节日、重大会议、重大活动前对安全工作进行重点部署。

④研究、讨论隐患的整改方案，提出解决意见。

⑤学习、交流先进的安全工作经验。

（三）会议要求

①由安全主管领导或部门负责人担任会议主持人，并安排专人进行记录。

②会议参加人数、会议内容要有详细、准确的记录，参会人员要签字。

③召开传达上级安全指示精神的会议，如有缺席人员，要记录在案，并在会后保证传达到位。

（四）时间安排

①定期安全工作会要明确时间安排。

②公司级安全会议每季度至少召开一次。

③所、厂（包括三产单位）安全会议每月至少召开一次。

④队（站）、班组安全会议每月至少召开两次。

⑤不定期安全工作会要明确时间安排。

⑥在重大节日、重大会议、重大活动、重大作业前都要召开安全会议。

⑦遇重大事故及重大事故隐患，相关单位、相关部门要立即组织召开专门会议，研究整改措施及处理意见，并按“三定，四不推”的原则予以解决。

⑧上级紧急传达安全工作指示精神和安全生产部署时，要立即召开安全会议。

二、安全教育制度

（一）安全教育制度

1. 一级教育

新职工进入燃气企业，由企业进行一级安全教育，时间不得少于8学时，主要内容包括：

①燃气的基本知识。

②企业安全管理的规章制度及劳动纪律。

③企业生产工作特点和生产过程中存在的危险因素、防范措施及应急处理措施。

④劳动保护和消防的基本常识。

⑤本行业典型事故案例。

2. 二级教育

新职工分配到各科室或各基层单位，由各科室或各基层单位进行二级安全教育，时间不得少于8学时，主要内容包括：

①本单位的生产工作特点和各项安全管理制度。

②本部门主要生产岗位的安全操作规程。

③本部门各工作场所和工作岗位存在的危险因素、防范措施及本单位的各项应急预案。

④劳动防护用品和消防器材、设施的使用方法。

⑤本部门以往发生的事故案例。

3. 三级教育

新职工分配到班组，由班组根据本工种的情况与特点进行三级安全教育，时间不得少于8学时，主要内容包括：

①新职工所负责的工作任务和岗位纪律。

②完成本岗位工作所需要掌握的各项安全操作规程。

③本岗位的安全管理制度。

④本岗位的设备性能和安全技术知识。

⑤本岗位存在的危险因素、防范措施和应急处置方法。

新职工经过班组安全教育后，在实习期内，应指定技术熟练的职工带领其进行工作。

（二）转岗职工安全教育制度

转岗职工上岗前必须经过班组级安全教育，教育内容参照三级教育。考试合格后经上一级主管领导批准方可上岗。

（三）新设备、新工艺操作人员的安全教育制度

采用新设备、新工艺，投产前应由安全技术部门拟定安全技术操作规程，组织操作人员学习、掌握新设备、新工艺的安全技术特性和安全防护措施，经考试合格后，方可上岗操作。

（四）特种作业人员及特种设备作业人员安全教育制度

①特种作业人员及特种设备作业人员，包括电工、电气焊工、司炉工、水质化验员、起重机械工、叉车驾驶员、压力容器操作工等，必须经国家有关部门培训，考试合格取证后，方准上岗操作，并定期参加复审。

②对特种作业人员及特种设备作业人员，企业及各基层单位的安全管理部门每年至少进行一次专项安全教育。

③压缩机工、燃气调压工、管线运行工、开孔封堵机械操作员、测量工、

直燃机工为企业重点工种，由劳人科组织进行安全技术培训，相关专业部门和单位具体实施，经考试合格后方准上岗操作。

（五）经常性安全教育制度

经常性安全教育由各科室、各单位负责组织，每两周 1 次，每次不少于 2 小时。主要活动内容包括：

①对本科室、本单位的安全生产情况进行总结。

②学习上级安全生产工作精神和劳动保护的方针、政策。

③学习安全生产知识、安全操作规程和安全管理制度。

④组织安全知识竞赛，开展对内、对外的安全宣传活动。

⑤组织事故应急演练。

⑥组织职工进行自救、互救、逃生等方面知识的学习。

（六）安全管理人员培训考核制度

①企业每年定期对专、兼职安全员进行培训，培训内容包括：《中华人民共和国安全生产法》《北京市安全生产条例》等有关安全生产的法律法规，《技术操作规程》《安全管理制度》《安全操作规程》等相关燃气常识、消防常识、交通方面的法律法规、自我保护及救护常识等。

②企业每年对专、兼职安全员进行上岗考核，考核不合格者不得担任专职、兼职安全员。

③按照国家安全生产监督管理局《关于生产经营单位主要负责人、安全生产管理人员及其他从业人员安全生产培训考核工作的意见》组织各单位主管安全工作的领导和专职安全管理人员进行培训及考核。

（七）全员安全上岗操作证制度

①企业对所有职工按岗位进行安全培训。培训内容包括：《中华人民共和国安全生产法》《中华人民共和国消防法》《机关、团体、企业、事业单位消防安全管理规定》《城镇燃气设施运行、维护和抢修安全技术规程》《北京市

实施〈中华人民共和国道路交通安全法〉办法》《安全管理制度》《安全操作规程》及本岗位安全知识和操作技能等。

②职工考试合格取得安全上岗证后，方可上岗。

③新职工经过考核，取得安全上岗证后方可上岗。职工转岗前要进行安全培训，取得新岗位的安全上岗证后方可上岗。

④企业每年定期对职工进行安全上岗证复审考试，复审考试不合格的职工，收回安全上岗证，不得上岗。

（八）外来施工人员安全教育制度

外来施工人员上岗前必须由用工单位进行安全技术培训，培训内容包括：燃气常识安全管理制度、安全操作规程、消防知识和灭火设施及器材的使用、事故现场的逃生自救、交通安全教育、劳动纪律等方面的内容。上岗前必须进行考试，合格后方可录用。单位要建立外来施工人员个人教育档案，定期组织安全教育和培训，将考试成绩和安全教育情况记录在教育档案中。考试及安全教育记录要有本人签字。

（九）典型事故案例教育制度

①典型事故案例包括：企业历年发生的各类安全事故及国内外相关行业发生的重特大事故和典型事故。

②典型事故案例资料由企业安全科和发生事故的基层单位负责收集，企业安全科分析汇总，每年编制《事故案例汇编》，下发各基层单位。

③典型事故案例教育由企业安全科和各单位安全部门负责组织，针对各类典型事故案例进行分析和总结，以达到增强职工安全生产意识，避免类似事故再次发生的目的。

第二章 燃气管道的完整性管理与评价

随着城市燃气管道的大量敷设和运行时间的延长，管道事故也时有发生，加之燃气管道大多位于城区的主干道以及居民区内，人口密集，一旦发生事故，将造成燃气供应中断、人员伤亡、环境污染等严重危害，社会影响较大。

对管道实施完整性管理，就是把以前管道安全管理中被动的事后响应变为事前的检测和预防，使管道始终处于受控状态，采取有计划、有针对性的维护措施，防止管道失效或事故发生，从而最大限度地降低管理成本，保证管道始终安全运行。这个管理过程是周期循环和不断改进的，以确保管道运行处于正常状态。

第一节　管道完整性管理的定义与标准

一、管道完整性的定义

管道完整性是指：

①管道始终处于安全可靠的工作状态。

②管道在物理上和功能上是完整的，处于受控状态。

③管道运营商已经并仍将不断采取行动防止管道事故的发生。

燃气管道完整性与管网的设计、施工、维护、运行、检修的各个过程是密切相关的。燃气管道完整性管理定义为：燃气公司根据不断变化的管网因素，对天然气管网运营中面临的风险因素进行识别和技术评价，制定相应的对策，并不断改善不利影响因素，从而将管网运营风险水平控制在合理、可接受的范围内。

二、管道完整性管理的原则

管道完整性管理的原则如下：

①在设计、建设和运行新管道系统时，应融入管道完整性管理的理念和做法。

②结合管道的特点，进行动态的完整性管理。

③要建立负责进行管道完整性管理的机构和管理流程，配备必要的手段。

④要对所有与管道完整性管理相关的信息进行分析、整合。

⑤必须持续不断地对管道进行完整性管理。

⑥应当不断将各种新技术运用到管道完整性管理过程中去。

管道完整性管理是一个与时俱进的连续过程，腐蚀、老化、疲劳、自然灾害、机械损伤等能够引起管道失效的多种因素皆会随着岁月的流逝不断地侵蚀管道，因此必须持续不断地对管道进行分析、检测、完整性评价、维修、人员培训等完整性管理。

三、管道完整性管理的标准

管道完整性管理标准是实施管道完整性管理的重要指导性文件，研究国内外管道完整性管理的标准是燃气企业的重要任务。一方面要寻找适合企业自身管理和发展特点的标准；另一方面要根据企业自身特点，编制自己的标准。

美国标准 ASME B 31. 8S－2001《输气管道系统完整性管理》针对气体输送管道完整性管理的过程和实施要求进行规定。ASME B 31. 8S－2001 标准是对 ASME B 31. 8《气体传输和分配管道系统》的补充，目的是为管道系统的完整性管理提供一个系统的、广泛的方法。ASME B 31. 8S－2001 已得到 ASME B 31 标准委员会和 ASME 技术规程与标准委员会的肯定，在 2002 年被批准为美国国家标准。

西欧、加拿大、澳大利亚等国也制定了管道完整性管理的标准及规范。加拿大的相关标准中规定，管道运营商应定期对系统完整性进行平衡测量，定期对泄漏检测方法进行检查，确定其精度。对于含有缺陷的管道要求进行评价后确定是否可以继续使用，以确定哪一部分容易发生故障，以及这部分是否适合继续使用。

四、国内外管道完整性管理的法律法规

（一）国外管道完整性法律法规

从美国对管道完整性管理立法以来，世界各国开始对管道完整性提出具体要求，但各个国家的具体要求不同，所以管道完整性管理推广应用的力度也不同。

美国在 1968 年制定的《天然气管道安全法案》是最早规定管道安全的法

规，主要涉及管道安全的重要问题，包含设计、施工、运行和维护，以及燃气泄漏应急预案。2002 年，美国通过了《2002 年管道安全改进法案》，该法案扩大了不是“有意”和“蓄意”造成管道损坏的种种情况应承担的刑事责任的范围。同时，相关文件还要求天然气管道运营商能采用内部检测、压力检测、直接评估或其他同样有效的评估手段，对事故结果严重区域所有管道统一进行评估的完整性管理计划，通过补救措施和增强保护性的缓解措施为每一段管道的完整性提供保护。

英国也制定了管道安全规范，应用于管道安全相关的设备，包括压力设备的设计、安装、运行和报废，重大事故危害管线的通告书、重大事故预防文件、应急程序和应急方案等。

世界上很多国家，如俄罗斯、美国、英国和加拿大等的法律法规规定了必须采取措施进行管道检测以保证管道的安全。

（二）国内管道完整性法律法规

中华人民共和国国家经济贸易委员会令第 17 号《石油天然气管道安全监督与管理暂行规定》自 2000 年 4 月 24 日起施行。

中华人民共和国国务院令第 313 号《石油天然气管道保护条例》2001 年 8 月 2 日颁布施行。此条例涉及管道设施的保护，禁止任何单位和个人从事下列危及管道设施安全的活动：

①移动、拆除、损坏管道设施以及为保护管道设施安全而设置的标志、标识；

②在管道中心线两侧各 5 米范围内，取土、挖塘、修渠、修建养殖水场，排放腐蚀性物质，堆放大宗物资，采石、盖房、建温室、垒家畜棚圈、修筑其他建筑物、构筑物或者种植深根植物；

③在管道中心线两侧或者管道设施场区外各 50 米范围内，爆破、开山和修筑大型建筑物、构筑物工程；

④在埋地管道设施上方巡查便道上行驶机动车辆或者在地面管道设施、架

空管道设施上行走；

⑤危害管道设施安全的其他行为。

《石油天然气管道保护条例》还规定，在管道中心线两侧 50 米至 500 米范围内进行爆破的，应当事先征得管道企业同意，在采取安全保护措施后方可进行。另外，在依照上述规定确定的安全保护范围内，除在保障管道设施安全的条件下为防洪和航道通航而采取的疏浚作业外，不得修建码头，不得抛锚、拖锚、掏沙、挖泥、炸鱼、进行水下爆破或者可能危及管道设施安全的其他水下作业。

第二节　管网完整性管理的相关技术

一、数据分析整合技术

数据分析整合技术主要包括数据的构成、数据的收集、数据的整合等。

（一）数据的构成

数据是指管道完整性管理过程中所需的数据，包括特征数据、施工数据、操作运行数据、检测数据和监测数据等。

（二）数据的收集

数据的收集主要包括以下几个方面：

①应重点收集受关注区域的评价数据，以及其他特定高风险区域的数据。

②要收集对系统进行完整性评价所需的数据，要收集对整个管道和设施进行风险评估所需的数据。

③随着管道完整性管理的实施，数据的数量和类型要不断更新，收集的数据应逐渐满足管道完整性管理的要求。

（三）数据的整合

1. 开发一个通用的参考体系

由于数据种类繁多，且来源于不同的系统，单位可能需要转换。数据的相互转换应有统一的参考体系，才能对同时发生的事件进行判断和定位。因此，对线路里程、里程桩、标志位置、站场位置等数据需要建立通用的参考体系。

2. 采用先进的数据管理系统

国外已采用卫星定位系统（GPS）确定管道经、纬度坐标，也有将管道位置参数纳入国家地理信息系统（GIS）的。

二、管道检测技术

管道检测技术主要包括管道内检测、管道外检测和其他检测技术。

（一）管道内检测

管道内检测是指针对管道本体管壁完整性即金属损失情况的检测。检测管壁金属损失的方法有漏磁检测法（MFL）和超声波检测法（UT）两种，另外，管道内检测为针对裂纹缺陷的检测。

1. 漏磁检测

（1）漏磁检测的基本原理

漏磁检测，即通过在管壁上放置磁极，使磁极之间的管壁上形成沿轴向的磁力线。无缺陷的管壁中磁力线没有受到干扰，产生均匀分布的磁力线，而管壁金属损失缺陷会导致磁力线产生变化，在磁饱和的管壁中，磁力线会从管壁中泄漏。传感器通过探测和测量漏磁量来判断泄漏地点和管壁腐蚀情况。漏磁信号的数量、形状常常用来表征管壁腐蚀区域的大小和形状。

（2）漏磁检测的特点

·用复杂的解释手段来进行分析；

·用大量的传感器区分内部缺陷和外部缺陷；

·测量的最大管壁厚度受磁饱和磁场要求的限制；

·信号受缺陷长宽比的影响很大，轴向的细长不规则缺陷不容易被检出；

·检测结果会受管道所使用钢材性能的影响；

·检测结果会受管壁应力的影响；

·设备的检测性能不受管壁中运输物质的影响，既适用于气体运输管道也适用于液体运输管道；

·要进行适当的清管（相对于超声波检测设备必须干净）；

·适用于检测直径大于等于3in（8cm）的管道。

（3）可检测缺陷类型

·外部缺陷；

·内部缺陷；

·各种焊接缺陷；

·硬点；

·焊缝：环形焊缝、纵向焊缝、螺旋形焊缝、对接焊缝；

·冷加工缺陷；

·凹槽和变形；

·弯曲；

·三通、法兰、阀门、套管、钢衬块、支管修复区；

·胀裂区域（与金属腐蚀相关）；

·管壁金属的加强区。

漏磁在线检测设备一般分为标准分辨率设备、高分辨率设备、超高分辨率设备。其中高分辨率设备适合于检测不规则管道，所需处理的数据量比较大，数据处理的过程复杂。

2. 超声波检测

（1）超声波检测原理

当在线检测设备在管道中运行时，超声波检测设备可以直接测量出管壁的厚度。其通过所带的传感器向垂直于管道表面的方向发送超声波信号，管壁内表面和外表面的超声反射信号也都被传感器所接收，通过它们的传播时间差以及超声波在管壁中的传播速度就可以确定管壁的厚度。

（2）超声波检测的特性

· 采用直接线性测量的方法，结果准确可靠；

· 可以区分管道内壁、外壁以及中部的缺陷；

· 对多种缺陷的检测比漏磁检测法敏感；

· 可检测的厚度最大值没有要求，可以检测很厚的管壁；

· 有最小检测厚度的限制，管壁厚度太小则不能测量；

· 不受材料性能的影响；

· 只能在均质液体中运行；

· 超声波检测设备对管壁的清洁度比漏磁检测设备要求更高；

· 检测结果准确，尤其是检测缺陷的深度和长度直接影响评价结果的准确性；

· 设备的最小检测尺寸可达到6in（15cm）。

（3）可检测的缺陷类型

· 外部腐蚀；

· 内部腐蚀；

· 各种焊接缺陷；

· 凹坑和变形；

· 弯曲、压扁、翘曲；

· 焊接附加件和套筒（套筒下的缺陷也可以发现）、法兰、阀门；

· 夹层；

· 裂纹。

（二）管道外检测

1. 防腐层的PCM检测

（1）检测原理

通过仪器将发射机与管线连接对管线施加外部电流，便携式接收机能准确探测到经管线传送的信号，并跟踪和采集该信号，输入计算机，从而测出管道上各处的电流强度。由于电流强度随着距离的增加而衰减，在管径、管材、土壤环境不变的情况下，管道防腐层的绝缘性能越好，施加在管道上的电流损失越少，衰减也越小，如果管道防腐层损坏，如老化、脱落，绝缘性就差，管道上电流损失就越严重，衰减就越大，通过这种对管线电流损失的分析，实现对管线防腐层的不开挖检测评估。

（2）检测结果

检测时发射机沿管线发送检测信号，在地面上沿管道记录各个检测点的电流值及管道埋深，用专门的分析软件，经过数据处理，计算出防腐层的绝缘电阻及图形结果。计算出的绝缘电阻通过与行业标准对比即可判断各个管段防腐层的状态级别，图形结果可直接显示破损点的位置。

2. 防腐层的Pearson法检测

这种检测方法在国内也称为人体电容法。

（1）检测原理

检测原理主要是利用电位差法，即交流信号加在金属管道上，防腐层破损点有电流泄漏流入土壤中，管道破损裸露点和土壤之间就会形成电位差，在接近破损点的部位电位差最大，埋设管道的地面上检测到这种电位异常，即可发现管道防护层破损点。

（2）具体的检测方法

操作时，先将交变信号源连接到管道上，检测人员带上接收信号检测设备，两人牵引测试线，相隔6～8m，在管道上方进行检测。

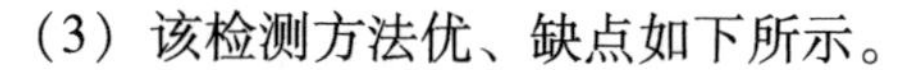

（3）该检测方法优、缺点如下所示。

①优点：

· 是常用的防腐层泄漏区检测方法，准确率高；

· 很适合油田集输管线以及城市管网防腐层泄漏区的检测。

②缺点：

· 抗干扰能力差；

· 需要探管装置以及接收机配合使用，必须准确确定管线的位置，通过接收机接收管线泄漏点发出的信号；

· 受发送功率的限制，最多可检测 5km；

· 只能检测到管线的泄漏区，不能对防腐层进行检测；

· 检测结果很难用图表形式表示，缺陷的发现需要熟练的操作技艺。

三、管道修复技术

管道运营企业应按照管道内外检测、试压、直接评估中发现的危险缺陷的严重程度确定缺陷点维修的先后顺序时间表，维修计划应从发现缺陷时开始。根据发现的缺陷，在 6 个月内进行缺陷检查和制订修复计划表。

（一）修复方法

修复方法主要包括：换管，打磨，钢制修补套筒 A 型套筒，钢制保压修补 B 型套筒，玻璃纤维修补套筒（复合材料纤维缠带），焊接维修、堆焊、打补丁，环氧钢壳修复技术，夹具维修等临时抢修。

（二）修复方法的应用范围

1. 永久修复—陆上—无泄漏缺陷或破坏

①切除管道；②通过打磨去除缺陷（只有非刻痕缺陷）；③通过堆焊金属修复外在腐蚀引起的金属减薄；④A 型套筒或环氧钢壳技术；⑤clock spring（一种采用玻璃钢补强片的增强方法，只用于外部腐蚀引起的金属减薄）；⑥开

孔封堵。

2. 永久修复—陆上—泄漏

①切除管道；②B 型套筒；③开孔封堵。

3. 永久修复—海上

①切除管道；②特殊设备修复。

4. 临时修复—陆上

①带螺栓的夹具；②泄漏夹具；③对内部腐蚀用 A 型套筒；④对内部腐蚀用 clock spring；⑤对于电阻焊或电弧焊焊缝熔合线上的缺陷用 B 型套筒。

（三）主要维修情况

本书主要考虑三种主要维修情况：外部金属损失管道（由腐蚀或机械损伤造成的）、内部金属损失管道（由腐蚀、侵蚀造成的）、管道泄漏。

1. 外部金属损失管道

外部腐蚀呈现的方式很多，但不考虑实际材料退化，管线最终都以金属损失，即壁厚减薄的形式破坏。金属损失可能是局部腐蚀（由管道支撑下方的腐蚀造成），也可能是大面积腐蚀。例如，在没有管壁凿痕或管壁减薄的情况下，凹坑会导致管道变形。小于管道直径 6% 的单纯凹痕不需要进行维修。更深的凹坑可能会引起管道的工作问题，如阻碍清管器运行。考虑到凹坑可能引起的破坏，应将其归为局部机械损伤破坏。管道裂纹缺陷的维修包括阻止裂纹扩展和修复裂纹。不论是否是由外部金属损失造成的管道破坏，为防止管道的进一步腐蚀，都要引起重视。

2. 内部金属损失管道

视管道内部破坏或者腐蚀的严重程度，管线可能已经泄漏或者即将泄漏，而一般对应的维修方案只考虑内部金属损失尚未造成管道泄漏的情况。与外部腐蚀不同，由于无法完全掌握内部金属损失机理，破坏/腐蚀随时间会产生变化。只有掌握内部金属损失机理，才能选择可阻止管道进一步腐蚀的维修方法。因此，设计的维修方法需专门针对每种腐蚀形式，至少要确实能延长管线

的使用寿命。

3. 管道泄漏

内部或外部金属损失（或者二者的结合，这种情况很少）都可导致管道泄漏。焊缝、管接头或母材裂纹也会导致泄漏。按照发生泄漏破坏的程度，在维修中需要安装维修管卡或更换部分管道接头、接箍。在任何情况下，只要管道泄漏，就要考虑管道附件的适用性。不仅要考虑压力容器的情况，也要考虑液体的腐蚀性及其他影响。例如，应用特定维修管卡或接头的弹力密封条容易受到挥发性碳氢化合物等的腐蚀。长时间下密封条可能出现老化、松弛的情况，因此，开始需要考虑堵住、封住泄漏处所遇到的相关问题。法兰表面、垫片区域的腐蚀或松弛最有可能导致法兰泄漏，且管道法兰焊缝也可能会出现泄漏。

第三节　管道完整性评价的方法

一、管道完整性评价的内容

管道完整性评价是在役管道完整性管理的重要环节，管道完整性评价内容包括：

第一，对管道及设备进行检测，评价检测结果。包括用不同的技术检测在役管道，评价检测的结果。

第二，评价故障类型及严重程度，分析确定管道完整性。对于在役管道，不仅评价它是否符合设计标准的要求，还要对运行后暴露的问题、发生的变化和产生的缺陷进行评价。

第三，根据存在的问题和缺陷的性质、严重程度，评价存在缺陷的管道能否继续使用及如何使用，并确定再次评价的周期，即进行管道适用性评价。

二、管道完整性评价的方法

（一）在线检测

应用在线检测器在管内运行来完成对管道缺陷及损伤的检测，又称内检测。从20世纪60年代开始应用的内检测器，目前在检测能力、范围、精度等方面得到了很大改善。

1. 可检测到的管道缺陷

可以检测到的管道缺陷主要有三种：几何形状异常（凹陷、椭圆变形、位移等）；金属损失（腐蚀、划伤等）；裂纹（疲劳裂纹、应力腐蚀开裂等）。

2. 在线内检测器的主要类型

内检测器按其功能分为三类：变形检测器、金属损失检测器、裂纹检测器。从检测原理区分，目前用于检测管道的腐蚀缺陷和裂纹，主要有漏磁检测器和超声波检测器两种，其性能及应用各有特点。

内检测器是将无损检测设备及数据采集、处理和存储系统装在智能清管器上，在管道中运行时对管体逐级扫描，能对管道缺陷的形貌、尺寸、位置等进行检测、记录、储存，是获取管道完整性信息的最直接的手段。但内检测器价格昂贵，不同缺陷类型及不同口径的管道需要不同型号、规格的检测器。有的早期建设项目的在役管道受条件所限不能顺利采用内检测器。

3. 在线检测的工作程序

为了使内检测顺利进行并确保价格昂贵的内检测器安全运行，必须做好检测工作的程序安排，并严格执行以下措施。

（1）管道调查及附属设施整改

对管道走向沿线地理环境等进行现场勘察，了解管道运行维修历史情况，如阀门、管件、三通等有无变形，卡堵清管器的情况；收发球装置长度能否满足检测器要求等，若不符合检测器要求，需进行整改。为便于跟踪检测器，在勘察过程中要沿线设立标志，确定管道顶端位置及走向。

（2）检测前清管

①常规清管：一般进行几次清管，尽可能将管壁的结蜡层等附着物清除干净。

②管径检测：用测径器进行检测，分析管道变形情况并对严重处开挖检查，对不满足检测器通过条件的管段进行改造，并再次运行测径器确认已无妨碍内检测器的地方。

③特殊清管：管径检测后还应针对相关介质特点进行清管，以排除可能造成伪信号的管内杂质。

（3）通过模拟器

模拟器是一个外形及尺寸与内检测器相同的模型，用以检查管道通过检测器的能力，万一它在运行中发生堵卡，抢修过程中不致损坏价格昂贵的检测器。

（4）投运检测器

①设备调试：对检测器的探头进行标准化调试，使其对相同的信号有相同的信号输出，从而保证在线检测的准确性。

②检测器投运及跟踪：检测器装入发球筒后，切换输气流程为发球流程，跟踪人员携带地面标记器，按沿线设立的标志，定点对检测器进行跟踪，并用标记器向检测器发射标记信号，为检测器的里程记录及缺陷定位提供参考点，这可以减少里程定位的误差。

③检测器接收及数据处理：检测器到达收球筒后，切换收球流程为正常输气流程。取出检测器，打开记录仪的密封舱盖，将记录的数据传入数据分析计算机。处理数据后可得到检测出的全部缺陷清单及严重缺陷的清单。

④提交检测报告：检测报告的概述中包括管道的腐蚀状况、检测器技术指标、管道运行参数、清管情况等。要以数据或直方图的形式表示管道缺陷的分类统计数据，并对缺陷进行描述，列出开挖检查点。

⑤开挖验证：根据检测报告提供的严重金属损失或几何变形的缺陷，从中

选择适当管段进行开挖、验证、测量及测绘，做出开挖验证报告。将开挖的检测结果与内检测结果比较，以检查在线检测的精度是否满足检测器的精度指标。有关在线检测过程的管道调试、施工组织、检测报告及开挖验证报告是管道完整性管理的重要资料，应长期保存。

（二）压力试验

对不能应用内检测器实施在线检测的管道，要确定某个时期内其安全运行的操作压力水平，可以采用压力试验。压力试验一般指水压试验，特定条件下也有用空气试压的，这是长期以来被工业界接受的管道完整性验证方法。它可以用来进行强度试验或泄漏试验，可以检查建设及使用过程中管段材料及焊缝的原始缺陷及腐蚀缺陷等的综合情况。

在有关的规范中对试压过程中试压介质选择、升压过程、应达到的试验压力、持续时间、检查方法等均有详细规定。在美国相关文件中规定了强度试验压力不得小于最大操作压力的 1.25 倍，持续压力时间不得少于 4h；当外观检测无泄漏时，可降低压力到严密性试验，试验压力为 1.1 倍最大操作压力，持续 4h。我国的输油管道、输气管道工程设计规范中也对试压有明确的规定。

在役管道的水压试验的局限性在于需要停输几天到几周来进行试压，而且可能有破坏性，大型管道试压用水量很大，含油污水的排放和处理花费大。水压试验与最贵的内检测相比，试压的费用陆上管道较后者高 2.6 倍，而海底管道的试压费用更高。在役管道的试压对正在持续发展的腐蚀缺陷，特别是局部腐蚀的检测不是很有效，因为它只能证明试压时管道是完好的，不能保证管道今后也会长期完好。因此，运用压力试验来评估管道完整性时一定要注意管道腐蚀控制的情况，要研究管道保护状况、防腐涂层状况的检测资料、管道泄漏情况，综合研究管道风险评估结果及预计的缺陷类型、程度等，来确定何时进行及如何进行压力试验。

若第一次压力试验后，与时间有关的、很小的缺陷已扩展到临界状态，就需要再次进行压力试验。试验的间隔时间取决于多种因素：试验压力与实际操

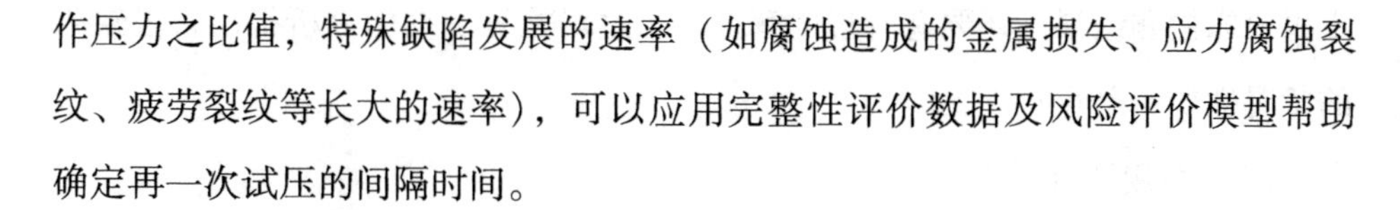

作压力之比值，特殊缺陷发展的速率（如腐蚀造成的金属损失、应力腐蚀裂纹、疲劳裂纹等长大的速率），可以应用完整性评价数据及风险评价模型帮助确定再一次试压的间隔时间。

（三）直接评价

直接评价方法主要针对管道内、外腐蚀缺陷，在其发展到破坏管道完整性之前，进行缺陷检测和预防。对于输气管道，可能同时存在内、外腐蚀的情况。

1. 油气管道外腐蚀的直接评价

本部分主要介绍管道外腐蚀的直接评价步骤，包括预评价、管段检测、直接调查和再评价 4 个过程，其关键是确定管道外腐蚀位置和程度，同时也能提供其他问题的情况，如机械损伤、硫化物应力腐蚀、第三方破坏等方面的信息。

（1）预评价

目的是选择先前发生过或当前可能发生腐蚀的管段作为调查区，确定间接调查方法；收集并综合分析管道历史及现状的资料、数据，估计腐蚀程度和可能性，以确定需要进行直接评价的管段，并选择在该条件下使用的检测方法和工具。

（2）管段检测

采用地上或间接检测的方法检测管段阴极保护情况、防腐层缺陷或其他异常。例如，对于埋地管道的外腐蚀，常用变频－选频法、多频管中电流法、防腐层检漏法等方法来检测防腐层性能；密间隔电位法、直流电位梯度法等检测阴极保护有效性。

由于这些间接检测方法各有特点，没有一种是绝对准确的，除了检测方法本身的局限性以外，还与检测人员的素质直接相关。因此，每个管段上至少需要用两种方法来检查管道及涂层的缺陷，在基本调查方法出现困难或有疑问时，应采用第二种方法做补充调查。补充调查范围至少为基本调查的 25%。若两种方法的结果出现矛盾，应考虑第三种方法再做检测以保证检测结果的可靠性。检测结果应提供缺陷的量化数据，并和再评价间隔周期相联系。缺陷确认不仅要靠检测结果，还要有合理的解释。通过对检测数据的分析得出管段缺陷的状况性质及严重程度。

（3）直接调查

对上一步发现的最严重危险部分进行开挖和检测检查，以证实检测评价的结论。一般每个直接评价的管段开挖点控制在 1～2 个，至少开挖一处。在防腐层破损处及管壁腐蚀处详细测量、记录缺陷情况，用于评估管道最大缺陷的情况及平均腐蚀速率。并对环境参数（土壤电阻率、水文条件、排水状况等）进行测量记录。如果条件许可，应对足够多的防腐层缺陷样本进行统计分析，推算可能存在的最大缺陷尺寸，如果缺乏其他数据，可以按已发现缺陷的深度、长度的 2 倍，作为最大缺陷的估计值。

（4）再评价

综合分析上述各个步骤的数据及结论，确定直接评价的有效性和再评价的间隔时间。再评价的间隔时间是以保证上次评价中经过修复的缺陷不至于发展成为危及管道安全的危险缺陷来确定的。若修复缺陷的数量越多、占发现缺陷的比例越大、修复的标准越高，再评价周期就越长。例如，对间接调查发现的所有缺陷点进行开挖，并将在 10 年内可导致管道失效的缺陷全部修复，那么再评价周期可以选定为 10 年；如果只进行部分开挖，同样只修复 10 年内可导致管道失效的缺陷，则再评价周期应当减半，可定为 5 年。

再评价过程是重复上述管段检测、直接调查的步骤，其中至少应当包括一次在原缺陷部位的开挖。结合开挖结果，根据开挖实测的腐蚀缺陷与腐蚀发展预测值的比较，来衡量直接评价方法的有效性。如果实测值小于预测值，则方法有效；实测值大于预测值时，方法无效，这种情况就需要修正腐蚀发展模式、改变再评价周期或改进调查方法。

2. 输气管道内腐蚀的直接评价

本方法主要用于短期内可能存在湿气及游离水的输送天然气的钢质管道。如果管内从不存在水或其他电解质，则不需要本方法。如果整条管道内部都存

在腐蚀（如污水管道），则这一方法也不适用，而应利用在线检测或水压试验等方法进行评价。以下介绍管道内腐蚀的直接评价步骤，包括预评价、选择调查点、局部调查和再评价 4 个过程。其关键是发现输气管道内部可能发生游离水积聚的部位，因为只有这些部位及其下游区域才可能出现管道内腐蚀。

（1）预评价

预评价需要收集管道与附件、管输介质、操作运行、管道走向、地形等方面的数据资料。

（2）选择调查点

分析管道内水的原始积聚位置需要多相流知识及其他参数（如管道沿线地形、海拔高度、管内压力和温度变化等）。大型管道的气体流速很高，管输气体的含液量很少时，液体一般呈薄膜附着在管壁或呈细微的液滴分散在气流中，形成环雾型流动。若气流速度下降或液膜厚度增加（如在管道的下坡段或凹陷部分），当液膜所受的重力大于与管壁的剪切力时，就会出现液体成层流动和滞留。根据多相流计算可以确定管内出现积液时的流速和管段倾斜角度的临界值。

（3）局部调查

局部调查在电解液最可能积聚的位置进行，一般需要开挖和用超声波检测管壁厚度。其他方法也可以作为调查工具，如挂片法、各种电化学腐蚀探针以及旁通管法等。如果在被怀疑为腐蚀最严重部位并没有检测到腐蚀，那么可认为整个管段无内腐蚀危险，反之可以确定存在内腐蚀的潜在危险。

（4）再评价

再评价重复上述过程，但需要一次新的开挖，位置应选在原始水积聚部位的下游，并且管道倾斜角大于上述计算的临界角度。如果被怀疑最可能发生腐蚀的位置并没有发生腐蚀，那么可以认为整条管道不存在内腐蚀危险，反之则需要新的开挖调查或修改管道内腐蚀直接评价的方法。

第三章

特种设备使用安全管理

中华人民共和国国务院 373 号令公布的《特种设备安全监察条例》已于 2003 年 6 月 1 日起开始施行。2009 年，国务院颁布第 549 号令，公布《国务院关于修改〈特种设备安全监察条例 〉的决定》，自 2009 年 5 月 1 日起施行。国务院特种设备安全监督管理部门负责全国特种设备的安全监察工作，县以上地方特种设备安全监督管理的部门对本行政区域内特种设备实施安全监察。

第一节　特种设备的概念与种类

一、特种设备的概念

特种设备是指涉及生命安全、危险性较大的承压、载人和吊运设备或设施，包括锅炉、压力容器、压力管道、电梯、起重机械、客运索道、大型游乐设施、场（厂）内机动车辆及其安全附件、安全保护装置和与安全保护装置相关的设施。

按照特种设备的特点，可将其划分为承压类特种设备和机电类特种设备。承压类特种设备包括锅炉、压力容器和压力管道；机电类特种设备包括电梯、起重机械、客运索道、大型游乐设施、场（厂）内机动车辆。

二、特种设备的作用

特种设备是工业化生产中必不可少的生产设备，同时也是现代社会中必备的生活设施，在经济社会发展中起着越来越重要的作用。

（一）特种设备是国民经济建设的重要基础设备

第一，作为热能动力，锅炉被广泛地应用于电力、化工、冶金、纺织、机械、轻工、军工等各个行业，对国民经济发展发挥着不可取代的重大作用。

第二，压力容器提供介质反应、换热、分离和储存的空间，是介质物性、物态变化和保持的必备设备，而压力管道则提供介质流动的通道，压力容器和压力管道是石油化工产业的“命脉”。

第三，起重机械产品种类繁多，广泛应用于冶金、化工、电力、港口、建筑、制造业等各个领域，它是现代工业的基础，是支撑工业、交通业、建筑业等主要产业的“骨干”。现代生产主要依靠起重机械来完成物料的搬运作业，目前起重机械在我国市场经济建设中日益发挥出巨大作用，需求呈现迅速发展的态势。

第四，随着我国物流业和工程建设业的发展，场（厂）内机动车辆成为提高生产效率必不可少的重要工具。

（二）特种设备是人民群众生活的重要基础设施

①电梯是现代城市生活不可缺少的工具。

②气瓶是人们生活中常用的压力容器。气瓶在广泛用于工业、建筑业、农业、交通运输业等的同时，也大量应用于人民群众日常生活中。我国已经成为世界气瓶生产大国，每年生产气瓶约2500万只。

③燃气压力管道被比喻为城市的“生命线”。改革开放以来，我国城市燃气使用率大幅度提高。

④随着大型主题公园的开发、修建，建设了较多大型游乐设施。

⑤客运索道可用于运送乘客和旅游观光。客运索道能适应复杂地形，跨越山川河谷，为人们游览风景名胜提供了安全快捷的交通工具。

特种设备的重要性正在被社会各界和广大人民群众所认识和关注。

三、特种设备的发展趋势

随着经济发展，特种设备不仅在数量方面呈上升趋势，且在使用功能和科技含量方面有了长足的进步，未来特种设备的发展趋势主要有以下特点。

（一）更高效

伴随着工业化进程和科技进步，特种设备向高参数、高效能和大型化方向发展。很多电站锅炉的额定蒸汽压力参数已达到22.129 MPa，有的甚至达到27～34 MPa，单机容量已发展到1000 MW。压力容器作为石化装置中的重要设备，随着石油化工行业规模化的扩大，其参数也越来越大。内蒙古神华煤田的加氢反应器重达1800 t；用于生产人造水晶的反应釜，最高工作压力超过100 MPa（1000 kg/cm^2）。压力管道的输送压力、输送距离、材料等级和管道口径逐步变大。城区范围内部分管道的最大设计压力也由原来的1.6 MPa提高到了

4.0 MPa。电梯因高速度、高功率的驱动能力和滚动导靴、智能减振等技术的出现，也将进一步提高运载效率和运行的舒适性。

（二）更安全

由于特种设备具有潜在的危险性，安全可靠已成为设备的最重要指标。随着科技的进步，大量新材料、先进技术不断应用于压力容器制造领域。城市燃气管道材料逐步向使用复合材料和聚乙烯（PE）方向发展，燃气输配的监控和数据采集系统逐步完善，提高了安全性。电梯双向限速器与安全钳、主副门钩与非正常开门报警等安全装置的增加，为电梯安全运行提供了保障。起重机械更加注重研制新型安全保护装置和故障自动显示装置。客运索道的控制系统朝自动化、集成化发展，操作更加方便，安全保护装置和设施更加齐全，所有安全监控均输入计算机系统，一旦发生故障，可以自动停止，并显示故障位置。

（三）更环保、节能

随着我国可持续发展战略的实施，节能、环保问题已成为社会关注的一个重点，环保、节能型产品越来越受欢迎，特种设备也不例外。

（四）更具人性化

特种设备在人们的生活中越来越重要，人性化的设计理念更多地体现在特种设备产品中。

第二节　压力管道与压力容器

一、压力管道的定义和类型

（一）压力管道的定义

1. 管道的概念

管道由管道组成件和支撑件组成，是用来输送、分配、混合、分离、排放、计量、控制或制止流体流动的装置，包括管子、管件、法兰、螺栓连接、垫片、阀门和其他组成件。管道组成件是指用于连接或装配成管道的元件，包括管子、管件、法兰、垫片、紧固件、阀门以及膨胀接头、挠性接头、耐压软管、疏水器、过滤器和分离器等。管道支撑件是指管道安装件和附着件的总称。其中安装件是指将负荷从管子或管道附着件上传递到支撑结构或设备上的元件，包括吊杆、弹簧支吊架、斜拉杆、平衡锤、松紧螺栓、支撑杆、链条、导轨、锚固件、鞍座、垫板、滚柱、托座和滑动支架等。附着件是指用焊接、螺栓连接或夹紧等方法依附在管子上的零件，包括管吊、吊（支）耳、圆环、夹子、吊夹、紧固夹板和裙式管座等。

压力管道的构成并非千篇一律，由于其所处的位置不同，功能会有差异，所需要的元器件也就不同。最简单的就是一段管子，但大致可以分为管子、管件、阀门、连接件、附件、支架等。

2. 压力管道含义

《特种设备安全监察条例》中规定，压力管道是指利用一定的压力，用于输送气体或者液体的管状设备，其范围规定为最高工作压力大于或者等于0.1 MPa（表压）的气体、液化气体、蒸汽介质或者可燃、易爆、有毒、有腐蚀性、最高工作温度高于或等于标准沸点的液体介质，且公称直径大于25 mm的管道。

（二）压力管道的特点

①数量多，标准多。

②管道体系庞大，由多个组成件、支撑件组成，任一环节出现问题都会造成整条管线的失效。

③管道的空间变化大：或距离长却经过复杂多变的地理、天气环境；或在相对固定的环境里，但是其立体空间情况复杂。

④腐蚀机理与材料损伤具有复杂性：易受周围介质或设施的影响，容易受诸如腐蚀介质、杂散电流影响，而且还容易遭受意外损害。

⑤失效的模式多样。

⑥载荷的多样性：除介质的压力外，还有重力载荷以及位移载荷等。

⑦材质的多样性：可能一条管道上就需要用几种材质。

⑧安装方式多样：有的架空安装，有的埋地敷设。

⑨实施检验的难度大，如对于高空和埋地管道的检验始终是难点。

（三）压力管道的类型

压力管道按其用途划分为工业管道、公用管道和长输管道。《压力管道安装单位资格认可实施细则》将压力管道划分为3个类别：

①长输管道为GA类，级别划分为：GA1级，GA2级。

②公用管道为GB类，级别划分为：GB1级，GB2级。

③工业管道为GC类，级别划分为：GC1级、GC2级和GC3级。

二、压力容器定义和类型

（一）压力容器定义

2003年6月1日实施的国务院第373号令《特种设备安全监察条例》第八十八条明确了压力容器的定义。对压力容器实施安全监察管理的范围。压力容器是指盛装气体或者液体，承载一定压力的密封设备，其范围规定为最高工作压力大于或者等于0.1 MPa（表压），且压力与容积的乘积大于或者等于2.5 MPa·L的气体、液化气体和最高工作温度高于或者等于标准沸点的液体的固定式容器和移动式容器；盛满公称工作压力大于或者等于0.2 MPa（表压），且压力与容积的乘积大于或者等于1.0 MPa·L的气体、液化气体和标准沸点等于或者低于60℃液体的气瓶；氧舱等。

（二）压力容器工艺参数

1. 压力

压力是指压力容器工作时所承受的主要载荷，分为工作压力、最高工作压力、设计压力等。

①工作压力（操作压力）：指容器顶部在正常工艺操作时的压力（不包括液体静压）。

②最高工作压力：指容器顶部在工艺操作过程中可能产生的最大表压力（不包括液体静压力）。

③设计压力：指在相应设计温度下用以确定容器计算壁厚及其元件尺寸的压力。

《固定式压力容器安全技术监察规程》规定，容器的设计压力，应略高于容器在使用过程中的最高工作压力。

2. 温度

①介质温度：指容器内工作介质的温度。

②设计温度：压力容器设计温度不同于其内部介质可能达到的温度，是指各容器在正常工作过程中，在相应设计压力下，表壁或元件金属可能达到的最高或最低温度。

（三）压力容器分类

压力容器的分类方法很多，最常见的有按照使用方式、压力、温度、作用原理等进行分类。

1. 按压力分类

按所承受压力（P）的高低，压力容器可分为：

①低压容器：0.1 MPa≤P≤1.6 MPa。

②中压容器：1.6 MPa≤P≤10 .0MPa。

③高压容器：10.0 MPa≤P≤100.0 MPa。

④超高压容器：P≥100.0 MPa。

2. 按壳体承压方式分类

①内压容器（壳体内部承受介质压力）。

②外压容器（壳体外部承受介质压力）。

3. 按设计温度分类

①低温容器：设计温度 t≤－20℃。

②常温容器：设计温度－20℃≤t≤450℃。

③高温容器：设计温度 t≥450℃。

4. 按使用方式分类

（1）固定式压力容器

指有固定的安装和使用地点的压力容器。用环境固定，不能移动，如球形储罐、卧式储罐、各种换热器、合成塔、反应器、干燥器、分离器、管壳式余热锅炉、载人容器（如医用氧舱）等。

（2）移动式压力容器

指无固定使用地点、使用环境经常变迁的压力容器。作为某种介质的包装搭载在运输工具上，如汽车与铁路罐车的罐体。

（3）气瓶类压力容器

作为压力容器的一种，社会拥有量非常大，有高压气瓶（如氢、氧、氮气瓶）和低压气瓶（如民用液化石油气钢瓶）之分，包括液化石油气钢瓶、氧气瓶、氢气瓶、氦氮气瓶、二氧化碳气瓶、液氯钢瓶、液氨钢瓶和溶解乙炔气瓶等。其具有很强的移动性，既有运输过程中的长距离移动，也有在具体使用中的短距离移动。

5. 按在生产工艺过程中的作用原理分类

（1）反应容器

指用来完成介质的物理、化学反应的压力容器，如反应器、硫化罐、反应釜、发生器、分解锅、分解塔、聚合釜、高压釜、合成塔、变换炉、蒸煮锅、蒸球、蒸压釜等。

（2）换热容器

指用来完成介质的热量交换的压力容器，如管壳式余热锅炉、热交换器、冷却器、冷凝器、蒸发器、加热器、硫化锅、消毒锅、蒸脱机、蒸锅、染色器、煤气发生炉水夹层等。

（3）分离容器

指用来完成介质的流体压力平衡和气体净化分离的压力容器，如分离器、过滤器、集油器、缓冲器、贮能器、洗涤器、吸收塔、铜洗塔、干燥塔、分汽缸、除氧器等。

（4）储运容器

指用来盛装生产和生活用的原料气体、液体、液化气体等压力容器，如各种形式的储槽、槽车（铁路槽车、公路槽车）等。

6. 按容器的压力高低、介质的危害程度及生产过程中的主要作用分类

（1）一类容器

①装有非易燃和无毒介质的低压容器。

②装有易燃或有毒介质的低压分离容器和换热容器。

（2）二类容器

①中压容器。

②装有剧毒介质的低压容器。

③装有易燃或有毒介质的低压反应容器和储运容器。

（3）三类容器

①高压、超高压容器。

②装有剧毒介质且 $P \times V \geqslant 196L \cdot MP$ 的低压容器或剧毒介质的中压容器。

③装有易燃或有毒介质且 $P \times V \geqslant 490L \cdot MP$ 中压反应容器或 $P \times V \geqslant 4900 L \cdot MP$ 中压储运容器。

④中压废热锅炉或内径大于 1m 的低压废热锅炉。

（四）压力容器的基本构成

从设备整体角度看，压力容器分成壳体、支座、内件和安全附件等几部分。而仅对压力容器本身来说，一般可将压力容器分成筒体、封头、开孔补强、接管和法兰、安全附件、支座和密封等几部分。在进行压力容器的安全监察时，经常用到主要受压元件的概念。主要受压元件指压力容器的筒体、封头（端盖）、人孔盖、人孔法兰、人孔接管、膨胀节、开孔补强圈、设备法兰、球罐的球壳板、换热器的管板和换热管、M36 以上的设备主螺栓及公称直径大于等于 250 mm 的接管和管法兰等受压元件。

1. 筒体

压力容器的筒体按其结构形式可分为整体式和组合式两大类：

①整体式分成单层卷焊、整体锻造、锻焊、铸－锻－焊以及电渣重熔等几种。一般中、低压容器和器壁不太厚的高压容器，大多采用这种形式。

②组合式筒体结构分为多层结构和绕制结构两大类。多层结构包括多层包扎、多层热套、多层绕板、螺旋包扎等。在多层结构中，多层包扎是目前应用最广的组合式筒体结构。

2. 封头

压力容器的封头分为凸形封头、锥形封头，还有平盖。凸形封头包括椭圆形封头、碟形封头、球冠形封头和半球形封头，其中椭圆形封头使用最为广泛。

3. 开孔补强、接管与法兰

对开孔处采用补强结构。常用的补强结构有补强圈、厚壁管补强和整体补强三种。压力容器的接管主要起将容器与工艺管道仪表附件相连的作用。压力容器的法兰按其整体性程度，分主松式法兰、整体式法兰和任意式法兰，其中任意式法兰在中低压容器上应用较多。

4. 支座

压力容器的支座一般分为直立设备支座、卧式设备支座和球形容器支座。直立设备支座分为耳式支座、支承式支座和裙式支座；球形容器支座国内比较常见的有柱式支座和裙式支座两大类；卧式设备支座分为鞍座式、圈座式和支承式支座。

5. 压力容器的密封

压力容器的密封性能是压力容器的重要指标。密封口流体泄漏有两种情况：一是密封垫的泄漏，二是密封面的泄漏。密封结构分为强制密封、半自紧密封和自紧密封，常见的法兰连接就是一种强制密封。

6. 压力容器的安全附件

压力容器的安全附件主要包括：压力容器所用的安全阀、爆破片装置、紧急切断装置、压力表、液面计、测温仪表和快开门式压力容器的安全联锁装置。

第三节 压力管道的安全管理

鉴于压力管道的特点和在经济、社会生活中特殊的重要性，其安全问题早已受到国家安全监察机构的重视。早在 1989 年，原劳动部锅炉压力容器安全监察局组织有关单位开展了三年的调查活动，调查表明：压力管道的安全管理应依法治理，在我国开展压力管道的安全监察是完全必要的。通过强制性的国家监察，将压力管道同锅炉压力容器一样作为特种设备对待，指定专门机构负责压力管道的安全监察工作，并拟定系列法规、规范、标准，供从事压力管道的设计、制造、安装、使用、检验、修理、改造等方面的工作人员共同遵守，并监督各环节对规范的执行情况，从而逐渐形成压力管道安全监察或监督管理体制，将压力管道事故控制到最低的程度。

一、提高安全管理水平，强化压力管道源头安全监管工作

加大压力管道源头安全隐患治理力度，建立新建压力管道安全监管长效工作机制。严格规范压力管道元件的设计制造环节，明确压力管道安装单位必须取得质监部门的安装资质，施工单位按要求履行必要的安装手续，接受特种设

备检验机构对压力管道实施的安装监督检验；逐步推进在役压力管道使用登记工作。对于城镇范围内的公用燃气管道，相关企业应摸清压力管道安全使用状况，结合自身信息系统，办理使用登记手续。考虑管线不可视、环状结构和支线连通等复杂特性，建立管线台账和管线档案。管线台账应涵盖名称、GS 图档编号、压力级制、启用日期、材质、管径、数量、线上关联设备等基本信息，管线安全技术档案则以台账为建档依据，记录竣工资料、示意图、注册检验以及动态维修信息等内容。管线台账与档案的结合，不仅有利于数据统计汇总、摸清底数，做好管线的登记造册工作，而且可以清楚及时地掌握管线的动态变化，确保整个管网的安全运营。

二、落实企业安全主体责任，规范运行维护和定期检验工作

按照相关燃气法规和标准的要求开展压力管道的定期巡查和检测。落实压力管道检测规范要求，开展压力管道的定期检验和使用评价工作。在管线日常维护和检查方面，要按照不同周期的要求，规范日常巡查、泄漏检测、防腐层检查、阴极保护系统测试维护、安装保护装置检查和腐蚀情况检查等常规性工作。在管线的定期检验方面，有序推进有关工作，有针对性地从在用管道年度检查、全面检验和使用评价三个层次和深度逐步开展检验工作。年度检查是指在运行过程中的常规性检查；全面检验则是由有资质的检验机构对在用管道进行的基于风险的检验；使用评价是在全面检验之后进行的，包括对管道进行应力分析计算，对危害管道结构完整性的缺陷进行剩余强度评估与超标缺陷安全评定，对危害管道安全的主要潜在危险因素进行管道剩余寿命预测，以及在一定条件下开展材料适用性评价。检验检测结果将直接指导管网更新改造和消除隐患工作。

三、注重关键点管理，避免施工破坏造成的管道事故

管道燃气在城市逐步普及，不但极大地方便了人民群众的日常生活，而且

对改善城市环境、促进工业的发展发挥着越来越重要的作用。但是，随之产生的管网事故也给人民生命财产安全造成威胁，使居民的燃气供应受到影响。所以管道的安全管理应成为各地燃气企业安全管理工作中的重中之重。

国内燃气事故多发于市区内的埋地燃气管道，且以燃气管道遭施工破坏而引发的事故居多，占管道事故的80%以上。管道遭破坏事故多发的原因有以下几个方面。

第一，路网施工中各专业管道较多，其在满足规范要求的前提下大量存在于马路两侧，有些部位无法满足规范要求需采取共同占有措施。频繁的机械施工给燃气管道安全运行带来重大隐患。

第二，大型施工机械在各专业施工队伍中的普遍应用，增大了各管线单位地下设施遭破坏的概率。燃气管线被挖掘机、装载机施工破坏的事故每年都有发生。

第三，非开挖施工工艺的采用也是管道遭破坏事故多发的一个原因。燃气施工中采用水平定向钻机施工，在一定程度上也可能造成管道遭到破坏的隐患。以水平定向钻机为主要设备的非开挖施工敷设的燃气管道，管道定位难以做到十分准确，这就使其易遭受周围机械施工的破坏，特别是有其他的非开挖施工时更是如此。

第四，PE管的大量采用也是燃气管道易遭破坏的原因之一。PE管具有耐腐蚀性强、寿命长、施工简便等优点，但其易受到利器冲击而破损，形成燃气泄漏事故。大量的燃气PE管的应用，使管道遭到破坏的概率增加。

为解决这些问题，可采取以下应对措施：

①加大宣传力度，建立施工前管道单位间的沟通机制，为共同保护管道奠定基础。在必要的情况下，公布所有在路面下有设施的单位的联系电话，同时通过有效的途径加以宣传，以减少除了路网施工以外的零星施工对地下设施可能产生的破坏。

②健全燃气管道管理制度，使管道管理有章可循。自工程交工、置换到运

行管理，建立一整套的管理制度，保障管道的安全运行。

③在施工作业前签署管道保护协议，告知施工方管道的各种属性，建立燃气管道附近有施工时固定人员的盯守制度和有机械作业时管道管理人员的旁站看护制度。

④加强固定人员的值守和管道管理人员的巡回检查制度，确保各项管理制度落到实处。

⑤加强竣工未投入运行管道的管理也是避免事故发生的一个重要手段。

⑥借助现代科技手段对管道准确定位，减少事故的发生。有些事故的发生完全是由于管道位置不准确而造成的，因此有条件的地区在管道施工时，可借助现代科技手段增设易于识别管道的标志。

四、依托信息化的管理手段，实现压力管道完整性管理

利用信息化管理系统和平台，如物资管理信息系统、GIS 图档系统、运行管理系统、设备资产管理系统等，从物资采购安装、管线可视化、现场处理记录和管线动态信息记录等方面实现管线全生命周期的完整性管理。

①物资管理信息系统及电子商务平台反映供应商管理、管材采购等环节的情况，确保设备源头的可靠性。

②GIS 图档系统的任务是完善管线图档数据，优化流程，及时、真实地反映管网现状，为管网抢修、技改大修提供地理位置信息。

③设备资产管理系统则是从台账、档案及竣工档案、注册登记、维护检验、处置管理等方面全过程记录管线的完整变化，并积累、沉淀相关知识和统计数据，最终实现管线信息的准确性及完整性，达成动态管理的目标。

④运行管理系统则为管线维护、检验各环节真实的现场记录的第一手资料和过程数据，可以帮助实现过程管控的目标。系统平台间的有机结合和链接将贯穿管线管理的各个环节，全面反映管线的真实状态，利用信息化手段实现管线完整性管理目标。

⑤强化部门协调和信息沟通，建立安全监管长效机制。

在落实企业主体责任的基础上，进一步加强部门间的协调和信息沟通，建立压力管道安全监管长效工作机制。

第四节　压力容器的安全管理

安全可靠性是压力容器的首要问题。压力容器爆炸事故破坏性大，波及面广，伤亡、损失严重。压力容器发生爆炸事故的主要原因，一是存在较严重的先天性缺陷，如设计结构不合理、选材不当、强度不足、粗制滥造；二是使用管理不善，如操作失误、超温、超压、超负荷运营、失检、失修、安全装置失灵等。因此，压力容器安全管理涉及容器设计、制造、安装、使用、检验、修理、改造等各个环节。

一、压力容器的失效及原因

（一）失效定义及形式

压力容器失效既包括爆炸、破裂及泄漏等，也包括容器的过度变形、膨胀、局部鼓胀、严重腐蚀、产生较大裂纹、裂纹的疲劳扩展或腐蚀扩展、高温下过度的蠕变变形、几何形状受压失衡变形、金属材料长期使用的变性等。因此，凡因安全问题导致容器不能发挥原有效用的现象均称为失效。通常将压力容器的破坏形式分成韧性破裂、脆性破裂、疲劳破裂、腐蚀破裂、蠕变、破裂、复合型破裂。

（二）爆炸定义及危害

爆炸，从广义上来说，是指一种极其迅速的、物理的或化学的能量释放过程。在这个过程中，系统的内在势能转变为机械能及光和热的辐射等。压力容

器破裂时，容器内高压气体解除了外壳的约束，迅速膨胀并以很高的速度释放出内在能量，这就是通常所说的物理爆炸现象。

压力容器破裂引起的气体爆炸产生的危害也是多方面的。容器破裂时，气体膨胀所释放的能量一方面使容器进一步开裂，并使容器或其所裂成的碎片以比较快的速度向四周飞散，撞坏周围的设备或造成人员伤亡等；另一方面，爆炸产生的冲击波还会摧毁厂房等建筑物，产生更大的破坏作用。如果容器的工作介质是有毒的气体，则随着容器的破裂，大量的毒气向周围扩散，产生大气污染，并可能造成大面积的中毒区。

容器内盛装的是可燃液化气体则更严重。在容器破裂后，可燃气体立即蒸发并与周围的空气相混合，形成可爆性混合气体，此时如果遇到容器碎片撞击设备产生的火花或高速气流所产生的静电作用，会立即产生化学爆炸，即通常所说的容器二次爆炸。爆炸所产生的高温燃气向周围扩散，会引起周围可燃物燃烧，造成大面积的火灾区。

二、压力容器的设计安全

压力容器的设计，要根据生产工艺所规定的操作条件（压力、温度、规格、开孔接管尺寸和部位等），有时还要考虑防腐、防爆、密封、载荷特性等要求和某些特殊要求，先选定结构型号，初步选定尺寸和用材，然后根据强度要求确定容器的壁厚以及顶盖、封头和其他承压零部件的最终尺寸。

针对压力容器设计单位的管理，原劳动部颁发了《压力容器设计单位资格管理与监察规则》，1999 年 6 月国家质量技术监督局颁发了《压力容器安全技术监察规程》，2003 年 6 月国务院颁发了《特种设备安全监察条例》，明确规定，压力容器的设计单位应当经国务院特种设备安全管理部门许可方可从事压力容器的设计活动，并应对设计质量负责。设计单位应当具备下列条件：

①有与压力容器设计相适应的设计人员，设计审核人员。

②有与压力容器设计相适应的健全的管理制度和责任制度。

③设计资格印章失效的图样和已加盖竣工图章不得再用于制造压力容器。

三、压力容器的制造和安装

压力容器制造是根据压力容器设计、制造要求将压力容器的筒体、封头、开孔补强、接管和法兰等组成部件组对在一起。压力容器制造厂对产品制造质量负责。大多数压力容器都是整机出厂的，在安装现场不再进行焊接工作。这些压力容器安装施工的基本过程为：设备验收—基础施工—安装前准备—就位—内件安装清洗封闭—压力试验—气密性试验—交工验收。根据《固定式压力容器安全技术监察规程》与《特种设备安全监察条例》对压力容器制造和安装单位提出以下明确要求。

第一，从事压力容器的制造、安装、改造单位，应当经国务院特种设备安全监察管理部门许可方可从事相应的活动（压力容器维修单位经省、自治区、直辖市特种设备安全监察管理部门许可），并应当具备下列条件：

· 有与压力容器制造、安装、改装相适应的专业技术人员和技术工人；

· 有与压力容器制造、安装、改造相适应的生产条件和检测手段；

· 有健全的质量管理制度和责任制度。

第二，压力容器制造单位对其生产的压力容器的安全性能负责。

第三，压力容器安装、改造、维修的施工单位应当在施工前书面告知特种设备安全监督管理部门后方可施工。

第四，制造、安装、改造、重大维修过程必须经国务院特种设备安全监察部门核准的检验检测机构，按照安全技术规范的要求进行监察检验，未经监督检验合格的不准出厂或者交付使用。

压力容器的使用单位应严格遵守验收流程。压力容器安装工程完工后，应由设备使用单位组织安装单位和相关部门参加验收，合格后方可投用，并办理书面移交手续。移交资料一般应包括以下内容：

·《固定式压力容器安全技术监察规程》规定的压力容器设计文件和资料；

·《固定式压力容器安全技术监察规程》规定的压力容器制造、现场组焊技术文件和资料；

·压力容器安装告知书；

·设备安装器的检查验收记录；

·设备安装记录；

·基础检查记录；

·隐蔽工程记录；

·设计变更通知书；

·压力试验记录；

·压力容器安装监督检验证书。

四、压力容器的使用安全

使用单位对压力容器的安全负责，使用单位技术负责人对压力容器安全管理负责，使用单位应指定具有压力容器专业知识的技术人员具体负责压力容器的安全管理工作。压力容器管理和操作人员必须经规定的培训考核并持证上岗。使用全过程管理事项包括压力容器订购、设备进厂、安装验收及试车，具体还包括运行、维修和安全附件检验；检验、修理、改造和报废等管理；年度定期检验的计划及实施，内外部定期检验的计划及落实，发生事故时应负责事项（抢救、报告、协助处理和善后处理），办理使用登记，建立向当地安全监察机构的报告制度和对技术档案的管理等内容。按照《固定式压力容器安全技术监察规程》《特种设备安全监察条例》《压力容器定期检验规则》的要求，使用单位应做到：

①建立压力容器技术档案。

a. 特种设备的设计文件、制造单位、产品质量合格证明、使用维护说明等文件以及安装技术文件和资料。

b. 特种设备的定期检验和定期自行检查的记录。

c. 特种设备的日常使用状况记录。

d. 特种设备及其安全附件、安全保护装置、测量调控装置及有关附属仪器仪表的日常维护保养记录。

e. 特种设备运行故障和事故记录。

②新压力容器登记。新压力容器投入使用前，在30天之内应向（地市级）的特种设备安全监察管理部门登记。

③使用单位应将工艺操作参数与岗位操作规程，安全注意事项或标志置于显著位置。

④压力容器的操作人员及相关管理人员，应按照国家有关规定经特种设备安全监察管理部门考核合格，取得特种设备作业人员证书，方可从事相应作业与管理工作。

⑤压力容器使用单位应当对压力容器作业人员进行安全教育和培训，保证压力容器作业人员具备必要的压力容器安全作业知识，并严格执行压力容器操作规程与有关安全规章制度。

⑥使用单位对在用的压力容器按技术规范规定进行年度检查、全面检验、耐压试验外，还应进行每月至少一次的自行检查，包括安全附件、安全保护装置、测量调控装置及有关附属仪器仪表，并作出记录入档。

⑦对在用压力容器按照技术规范的全面检验要求，在安全检验合格有效期届满前个月向特检机构提出全面检验的要求。

⑧压力容器使用单位应制订压力容器事故应急措施和救援预案。

⑨压力容器存在严重事故隐患，无改造维修价值，或者超过安全技术规范规定的使用年限，使用单位应当及时将原登记的使用证向特种设备安全监察管理部门办理注销。

⑩压力容器出现故障或者发生异常情况，使用单位应对其检查，消除事故

隐患后方可重新投入使用。

⑪对违反《固定式压力容器安全技术监察规程》与《特种设备安全监察条例》规定的行为，有权向特种设备安全监督管理部门和行政监察有关部门举报。

加强设备维护保养。加强压力容器日常维护保养工作是安全管理的一个主要环节，使用单位应做好以下事项。

· 设备保持完好：容器运行正常，效能良好；

· 各种装备及安全附件完整；

· 消除产生腐蚀因素；

· 消灭容器“跑冒滴漏”；

· 减少与消除压力容器的震动；

· 加强对停用期间的维护保养：内部介质排净，特别是腐蚀性介质，要做好排放置换、清洗干燥等技术处理，保持内部干燥和清洁；压力容器外壁涂刷油漆，防止大气腐蚀；有搅拌装置的容器还需做好搅拌装置的清理、保养工作，拆卸动力源；各种阀门及附件应进行保养防止腐蚀卡死等。

五、压力容器的检验管理

压力容器一般属于静止设备，尽管不像运动机械那样易于磨损，承受震动或产生疲劳，但它长期受压力、温差或风载荷等其他载荷的作用，有的还受到工作介质的腐蚀或在极端温度等工作条件下工作。在长期使用过程中，可能产生各种类型和性质的缺陷。

使用中的压力容器避免不了发生缺陷，对压力容器定期检验的目的就是发现这些在使用过程中产生的缺陷，在它们还没有危及压力容器安全之前将其消除，或采取措施进行特殊监控，以防止压力容器发生事故。压力容器安全技术规范对在用压力容器检验的有关事项作出了规定。

根据《压力容器定期检验规则》，压力容器定期检验分年度检查、全面检验和耐压检验。

（一）年度检查

1. 检验周期

为了确保压力容器在检验周期内的安全而实施运行过程中的在线检查，每年至少一次。年度检查可以由使用单位持证的压力容器检验人员进行，也可由检验机构进行。

2. 检验内容

压力容器年度检查包括使用单位压力容器安全管理情况检查、压力容器本体及运行状况检查和压力容器安全附件检查等。检查方式以宏观检查为主，必要时进行测厚、壁温检查和腐蚀介质含量测定、真空度测试等。在线的压力容器本体及运行状况检查的主要内容：

· 压力容器的铭牌、漆色、标志及喷涂的使用证号码是否符合有关规定；

· 压力容器的本体、接口（阀门、管路）部位、焊接接头等是否有裂纹、过热、变形、泄漏、损伤等：

· 外表面有无腐蚀，有无异常结霜、结露等；

· 保温层有无破损、脱落、潮湿、跑冷；

· 检漏孔、信号孔有无漏液、漏气，检漏孔是否畅通；

· 压力容器与相邻管道或者构件有无异常震动、响声或者相互摩擦；

· 支承或者支座有无损坏，基础有无下沉、倾斜、开裂，紧固螺栓是否齐全、完好；

· 排放（疏水、排污）装置是否完好；

· 运行期间是否有超压、超温、超量等现象；

· 罐体有接地装置的，检查接地装置是否符合要求；

· 安全状况等级为 4 级的压力容器的监控措施执行情况和有无异常情况；

· 快开门式压力容器安全联锁装置是否符合要求；

· 安全附件的检验包括对压力表、液面计、测温仪表、爆破片装置、安全阀的检查和校验。进行压力容器本体及运行状况检查时，一般可以不拆保温层。

（二）全面检验

全面检验是指在用压力容器停机时的检验，全面检验应当由检验机构进行。

1. 检验周期

·安全状况等级为1级、2级，一般为每6年一次。

·安全状况等级为3级，一般为3～6年一次。

·安全状况登记为4级，其检验周期由检验机构确定。安全状况等级为4级的压力容器，其累积监控使用的时间不得超过3年。在监控使用期间，应当对缺陷进行处理，提高其安全状况等级，否则不得继续使用。

·新压力容器一般投入使用满3年时进行首次全面检验，下次的全面检验周期由检验机构根据本次全面检验结果再确定。

·介质为液化石油气且有应力腐蚀现象的，每年或根据需要进行全面检验。

·采用"亚铵法"制造工艺，且无防腐措施的容器根据需要每年至少进行一次全面检验。

·球形储罐使用标准抗拉强度下限大于等于540 MPa材料制造的，使用一年后应当开罐检验。

2. 全面检验项目、内容

检验单位根据压力容器具体状况，制订检验方案后实施检验，并按检验结果综合评定安全状况等级（如需要维修改造的压力容器，按维修后的复检结果进行安全状况登记评定）。检验检测机构对其检验检测结果、鉴定结论承担法律责任。

全面检验前，使用单位应做好有关准备工作。检验的一般程序包括：检验前准备、全面检验、缺陷及问题的处理、检验结果汇总、结论和出具检验报告等。常规要求检验的具体项目包括：宏观、保温层隔热层衬里、壁厚、表面缺陷、埋藏缺陷、材质、紧固件、强度、安全附件、气密性及其他必要的项目。

3. **有以下情况之一的压力容器，全面检验周期应适当缩短**

①介质对压力容器材料的腐蚀情况不明或者介质对材料的腐蚀速率每年大于0.25mm，以及设计者所确定的腐蚀数据与实际不符的。

②材料表面质量差或者内部有缺陷的。

③使用条件恶劣或者使用中发现应力腐蚀现象的。

④使用超过20年，经过技术鉴定或者由检验人员确认按正常检验周期不能保证安全使用的。

⑤停止使用时间超过2年的。

⑥改变使用介质并且可能造成腐蚀现象恶化的。

⑦设计图样注明无法进行耐压试验的。

⑧检验中对其他影响安全的因素有怀疑的。

⑨搪玻璃设备。

（三）耐压试验

1. **试验周期**

指压力容器全面检验合格后，所进行的超过最高工作压力的液压试验或者气压试验的时间间隔。每两次全面检验期间，建议进行一次耐压试验。对设计图样注明无法进行全面检验或耐压试验的压力容器，由使用单位提出申请，地市级安全监察机构审查，报省级监察机构备案。

2. **耐压试验的内容及要求**

①全面检验合格后方可允许进行耐压试验。耐压试验前，压力容器各连接部位的紧固螺栓必须装配齐全，紧固稳当。耐压试验场地应当有可靠的安全防护设施，并且经过使用单位技术负责人和安全部门检验认可。耐压试验过程中，检验人员与使用单位压力容器管理人员到现场进行检验。检验时不得进行与试验无关的工作，无关人员不得在试验现场停留。

②耐压试验的压力应当符合设计图样要求，并且不小于检测规则中公式计算值。

③耐压试验前，应当对压力容器进行应力校核，其环向薄膜应力值应当符合相应要求。

④耐压试验优先选择液压试验。

⑤介质毒性程度为极高、高度危害或设计上不允许有微量泄漏的压力容器，必须进行气密试验。

第四章

燃气有限空间安全管理

有限空间内作业涉及诸多不安全因素：环境危险因素，如系统处理不净，残存易燃、易爆物或氧含量不足等；施工管理危险因素，如施工安全措施不落实，监护人不到位等；施工人员和施工过程危险因素。因此，必须健全有限空间内作业安全管理规定，建立进入有限空间内作业的安全程序，进行有效的安全监督管理。

第一节　有限空间的定义

有关有限空间（ Confined Space）的翻译有多种，如有限空间、受限空间、限制空间、密闭空间等。本文依据国家安全生产监督管理总局令第 59 号《工贸企业有限空间作业安全管理与监督暂行规定》（以下简称《暂行规定》）第二条确定其概念，即本规定所称有限空间，是指封闭或者部分封闭，与外界相对隔离，出入口较为狭窄，作业人员不能长时间在内工作，自然通风不良，易造成有毒有害、易燃易爆物质积聚或者氧含量不足的空间。工贸企业有限空间的目录由国家安全生产监督管理总局确定、调整并公布。

工贸企业有限空间目录分为冶金、有色、建材、机械、轻工、纺织、烟草、商贸 8 大类，燃气企业可主要参照冶金、机械、商贸 3 大类。该目录给出了很多例子，如容器、储罐、塔、阴井、沟渠等，均属于有限空间，其定义并非从量化的角度进行描述，而是从特征上予以描述，如存在一定的危险性，有毒有害性气体、缺氧环境、照明不足、通风不畅的密闭场所等。

美国对有限空间的定义是指满足以下两个条件的空间：①足够大可以让一名员工整个身体进入并执行指派的工作；②进口或出口有限或受限（如坦克、容器、贮仓、地窖、坑等）。这就决定了空间的性质是储存或其他作用，其设计本质并非给人员停留。在美国的相关规定中还提到上部开口空间的高度在 12m 以上的也属于有限空间，前提也要和有限空间的特征结合起来理解，即可能存在危险的环境或能量释放的危害，所以有限空间又分为需要许可证进入的有限空间，以及不需要许可证进入的有限空间两种，哪些需要许可进入，哪些不需要许可进入则并没有给出量化的定义，那么这种情况就需要结合其显著的危险特征进行分析得出结论。

有限空间的 3 个特点：①在其内的作业人员行为受限；②存在可能造成人

员伤亡的危险因素；③进入、撤离（逃生）受到限制或存在困难。

北京市地方标准《地下有限空间作业安全技术规范第 1 部分：通则》（DB11/852.1 - 2012）和浙江省地方标准《有限空间作业安全技术规程》（DB33/707 - 2008 - 2012）、中国石油天然气集团公司企业标准《进入受限空间安全管理规范》（Q/SY1242 - 2009），在其对有限空间的定义中与美国的相关规定类似，相对《暂行规定》的定义更加具体，体现了实际操作的可执行性，也需要作业管理单位和管理人员结合实际情况鉴定是否为有限空间。

第二节　有限空间的分类及特点

一、有限空间的分类

第一，密闭设备：如船舱、贮罐、车载槽罐、反应塔（釜）、冷藏箱、压力容器、管道、烟道、锅炉等。

第二，地下有限空间：如地下管道、地下室、地下仓库、地下工程、暗沟、隧道、涵洞、地坑、废井、地窖、污水池（井）、沼气池、化粪池、下水道等。

第三，地上有限空间：如储藏室、酒糟池、发酵池、垃圾站、温室、冷库、粮仓、料仓等。

第四，冶金企业非标设备：高炉、转炉、电炉、矿热炉、电渣炉、中频炉、混铁炉、煤气柜、重力除尘器、电除尘器、排水器、煤气水封等。

二、有限空间的特点

第一，通风不良，容易造成有毒、易燃气体的积聚和缺氧等。此特点是造成有限空间死亡事故的主要原因，有毒有害气体中又以硫化氢为常见，所以在进入有限空间前首先必须保证该空间内有足够的无害的空气。

第二，对于某些有限空间来说，其内部构造的复杂性也是导致事故的原因之一。

在有限空间中作业，可能会遇到的危险包括：

①作业人员对有限空间概念陌生，导致根本无法认清相应空间存在的危害性，这是有限空间事故高发生率的根本原因。

②监护、救援人员相关知识的匮乏是导致相应事故的高死亡人数的主要原因，经常发生一人在有限空间内作业发生意外，多名救援人员进行营救时发生死亡的事故。

③救援设备的缺失也是导致相应作业人员高死亡率的原因。

第三节　燃气有限空间的危害因素

一、有限空间可能存在的危害

· 缺氧窒息；

· 中毒；

· 燃爆；

· 其他危害，如淹溺、高处坠落、触电等。

二、有限空间作业危害的特点

①有限空间作业属于高风险作业，如操作不当或防护不当可导致人员伤亡。

②有限空间存在的危害，大多数情况下是完全可以预防的，如加强培训教育、完善各项管理制度、严格执行操作规程、配备必要的个人防护用品和应急

抢险设备等。

③发生的地点形式多样化，如船舱、储罐、管道、地下室、地窖、污水池（井）、沼气池、化粪池、下水道、发酵池等。

④许多危害具有隐蔽性并难以探测。如即使检验合格，在作业过程中，有限空间内有毒有害气体浓度仍有增加和超标的可能。

⑤可能多种危害共同存在，如有限空间存在硫化氢危害的同时，还存在缺氧危害。

⑥某些环境下具有突发性，如开始进入有限空间检测时没有危害，但是在作业过程中突然涌出大量有毒气体，造成急性中毒。

三、有限空间的相关概念

（一）立即威胁生命和健康浓度

有害环境中空气污染物浓度达到某种危险水平，如可致命，或可永久损害健康，或可使人立即丧失逃生能力。当暴露于 DLH 环境时，呼吸危害能够使在其中没有得到呼吸防护的作业人员致死，或丧失逃生能力，或致残。

（二）时间加权平均容许浓度

以时间为权数规定的 8h 工作日、40h 工作周的平均容许接触浓度。

（三）短时间接触容许浓度

在遵守 PC－TWA 前提下容许短时间（15min）接触的浓度。

（四）最高容许浓度

工作地点在一个工作日内任何时间有毒化学物质均不应超过的浓度。

（五）爆炸极限

可燃物质（可燃气体、蒸汽、粉尘或纤维）与空气（氧气或氧化剂）均匀混合形成爆炸性混合物，其浓度达到一定的范围时，遇到明火或一定的引爆能量立即发生爆炸，这个浓度范围称为爆炸极限（或爆炸浓度极限）。形成爆

炸性混合物的最低浓度称为爆炸浓度下限（LEL），最高浓度称为爆炸浓度上限（UEL），爆炸浓度的上限、下限之间称为爆炸浓度范围。这一范围会随温度、压力的变化而变化，爆炸极限的范围越宽或爆炸下限值越低，这种物质越危险。

（六）有害环境

有害环境是指在职业活动中可能造成人员死亡、失去知觉、丧失逃生及自救能力、伤害或引起急性中毒的环境，包括以下一种或几种情形：

①可燃性气体、蒸汽和气溶胶的浓度超过爆炸下限（LEL）的10%。

②空气中爆炸性粉尘浓度达到或超过爆炸下限的30%。

③空气中氧含量低于19.5%或超过23.5%。

④空气中有害物质的浓度超过工作场所有害因素职业接触限值（GBZ2）。

⑤其他任何含有有害物浓度超过立即威胁生命和健康（IIH）浓度的环境条件。

（七）缺氧环境

缺氧环境是指空气中氧的体积百分比低于19.5%。

（八）富氧环境

富氧环境是指空气中氧的体积百分比高于23.5%。

（九）作业负责人

作业负责人指由用人单位确定的负责组织实施有限空间作业的管理人员。作业负责人应了解整个作业过程中存在的危险、危害因素；确认作业环境、作业程序、防护设施、作业人员符合要求后，授权批准作业；及时掌握作业过程中可能发生的条件变化，当有限空间作业条件不符合安全要求时，终止作业。

（十）监护人

监护人指当作业者进入有限空间内作业时，在有限空间外负责安全监护的人员。监护人应接受有限空间作业安全生产培训；全过程掌握作业者作业期间情况，保证在有限空间外持续监护，能够与作业者进行有效的操作作业、报警、撤离等信息沟通；在紧急情况时向作业者发出撤离警告，必要时立即呼叫应急救援，并在有限空间外实施紧急救援工作；防止未经授权的人员进入相关区域。

（十一）作业者

作业者指进入有限空间实施作业的人员。

作业者应接受有限空间作业安全生产培训；遵守有限空间作业安全操作规程，正确使用有限空间作业安全设施与个人防护用品；应与监护者进行有效的操作作业、报警、撤离等信息沟通。

四、燃气有限空间危害因素分析

燃气行业涉及的有限空间主要包括贮罐、车载槽罐、管道以及沟槽、地下或半地下的井室、调压站（箱）、燃气设备房间，地上调压站（箱）或燃气设备房间等。

有限空间长期处于封闭或半封闭的状态，且出入口有限，自然通风不良，易造成有毒有害、易燃易爆物质积聚或氧含量不足。此外，高温、高湿等不良气候条件也会在不同程度上加剧有限空间的环境危害。有限空间存在的主要危险及有害因素是缺氧窒息、中毒、燃爆等。了解并正确辨识这些危害因素，对有效采取预防、控制措施，减少人员伤亡事故具有十分重要的作用。

（一）缺氧窒息

有限空间长时间不进行通风，或作业人员在进行焊接、切割等工作，或燃气泄漏、氧气被其他气体（如燃气）取代时，均可能存在窒息危险。要维持生命，氧气不可缺少。空气中氧气体积百分比数约为21%，当空气中的氧气体积百分比数低于19.5%时，人会发生危险。空气中安全氧气体积百分比数为19.5%～23.5%。当氧气体积分数过低时，工作人员会感觉疲倦、头痛、头晕、呕吐，甚至昏迷。

（二）中毒

有限空间通风不好，在其中进行焊接、切割等作业时，会产生不完全燃烧现象，或因人工煤气（含有一氧化碳）管道泄漏，均可能会有一氧化碳气体。由于一氧化碳气体难于被察觉，通常作业者难以及时逃离现场。

另外，阀门井等因长期污水积聚和污泥进入，也可能生成硫化氢。硫化氢是一种有毒及可燃的气体，无颜色、有浓烈的臭鸡蛋味，一定浓度的硫化氢可以致命。由于硫化氢重于空气，常积聚于有限空间的底部，甚至淤泥中，可对作业者的健康造成危害，硫化氢体积百分比数较高时会给作业者造成生命危险。

（三）燃爆

燃气井室内管道、阀门等设施经过长时间运行，在不通风、潮湿的环境下，阀门、阀体、法兰等部位因腐蚀、胀缩等原因可能导致局部燃气泄漏，在通风不良条件下易造成燃气聚集，当积累到一定体积百分比遇明火就有可能发生燃气爆炸，从而破坏燃气设施，造成供气中断，对作业者产生伤害并影响周围环境安全。

目前，城市燃气主要有天然气、液化石油气和人工煤气。天然气的主要成分是甲烷，其密度最小，比空气轻，放散性最好，爆炸危险度最小；人工煤气主要成分为一氧化碳、氢气和甲烷，体积百分比数为60%～80%，密度较小，与空气相当，但爆炸极限范围最宽，危险度大；液化石油气主要成分为丙烷，体积百分比数为50%～80%，密度较大，比空气重，易在低洼处聚集，不易散发，爆炸危险度次之。

（四）其他危害因素

地下井室等有限空间的进出点如果位于人行道或车行道上，作业人员有被车撞倒的可能，他人也会有跌落危险。此外进入有限空间作业，还有塌方、机械损伤和触电等一般性风险，相比之下，发生的概率较低。

第四节 燃气有限空间作业技术与安全管理

一、有限空间作业安全技术要求

（一）检测

应严格执行“先检测、后作业”的原则，开始作业前应对空间内的有害气体进行辨识，并由专人有针对性地负责对空间内氧气含量、燃气体积浓度及有毒气体（如一氧化碳、硫化氢等）进行检测。其中氧气含量应大于等于19.5%且小于等于23.5%，燃气体积浓度应小于1%，一氧化碳含量小于20 mg/m^3，硫化氢小于10 mg/m^3。如发现空间内有其他有毒、有害气体，其检测指标应不超过国家标准的有关规定。未经检测，应禁止作业人员进入有限空间。检测数据应填入《有限空间作业现场检测及安全措施确认单》中进入前检测数据栏。当上述气体检测浓度低于标准时，方可允许进入作业，否则应持续通风换气。

如果作业环境条件发生变化，作业单位应对上述危害因素进行持续或定时检测。作业人员的工作环境发生变化时，应视为进入新的有限空间，重新检测后再进入。持续检测或重新检测时应将检测结果填入《有限空间作业现场检测及安全措施确认单》中作业过程检测数据栏。在有限空间内进行的带气作业，必须进行持续检测或定时检测。进行检测时，检测人员应处于安全环境中。

（二）危害评估

在进入有限空间作业前，作业人员必须对作业环境危害状况进行辨识和评估并有针对性地制订消除或控制危害的处置预案和各项措施，使整个作业过程始终处于安全受控的状态。有限空间作业危害可分为窒息、中毒、着火、爆炸、交通危害、坠落、塌方、机械损伤、触电等。

（三）通风

在有限空间作业前和作业过程中，可采取强制性连续通风措施降低危险，保持空气流通。严禁用纯氧进行通风换气。

（四）防护设备

各单位应为作业人员配备符合国家标准要求的通风、检测、照明、通信、应急救援设备和个人防护用品。当有限空间存在可燃性气体时，检测、照明、通信设备应符合防爆要求。作业人员应穿戴防静电服装，使用防爆工具，配备可燃气体浓度报警仪。

（五）呼吸防护用品

特殊情况下，作业人员应佩戴安全可靠的全面罩正压式空气呼吸器或送风长管面具等隔离式呼吸保护器具。佩戴时一定要仔细检查其气密性，严禁在可燃气体污染的区域摘、戴防毒面具。送风式长管呼吸器要防止通气长管被挤压，呼吸口应置于新鲜空气的上风口，并有专人监护。

（六）应急救援装备

除呼吸防护用品外，各单位还应配备应急通信报警器材、现场快速检测设备、大功率强制通风设备、应急照明设备、安全救生设备（包括安全绳、安全带、吊救装备等）等。

二、有限空间作业安全管理要求

（一）各单位主要负责人职责

①建立、健全有限空间作业安全生产责任制，明确有限空间作业负责人、作业者、监护者职责。

②组织制订专项作业方案、安全作业操作规程、事故应急救援预案、安全技术措施等有限空间作业管理制度。

③保证有限空间作业的安全投入，提供符合要求的通风、检测、防护、照

明等安全防护设施和个人防护用品。

④督促、检查本单位有限空间作业的安全生产工作，落实有限空间作业的各项安全要求。

⑤提供应急救援保障，做好应急救援工作。

⑥及时、如实报告生产安全事故。

（二）作业方案编制和作业审批

进入有限空间作业前，作业单位必须编制作业方案，并对所有参与作业人员进行交底。方案内容应包括有限空间危险源的辨识和相关应急处置预案。凡进入有限空间进行施工、检修、清理等作业，作业单位必须办理有限空间作业审批手续，涉及动火作业应同时办理相应的审批手续。未经作业负责人审批，任何人不得进入有限空间作业。

（三）作业前准备工作

①危害告知：应在有限空间进入点附近设置醒目的警示标志，并告知作业者存在的危险有害因素和防控措施，防止未经许可人员进入作业现场。标志的制作应符合国家规范。

②教育、培训：进入有限空间作业前，作业单位应对作业人员进行安全教育，使其了解、掌握有限空间作业危险源、处置预案及救护方法，确认作业人员已经经过相关作业指导，以及使用防护设备和检测设备的技能培训。

③装备检查：作业单位应确保各种检测仪器、各种防护用品配备齐全，并经校验有效。

④环境检查：有限空间的出入口内外不得有障碍物，应保证其畅通无阻，便于人员出入和抢救疏散。

⑤准入者检查：有限空间准入者已经完成所有准入前的准备工作。

（四）现场监督管理

有限空间作业现场应明确作业负责人、监护人员和作业人员，不得在没有

监护人的情况下作业。

1. 作业负责人职责

①了解作业全过程以及作业中各项危险、危害因素。

②对作业前各项安全措施的准备情况逐一落实并确认。

③对作业前现场作业环境、防护设备、作业人员是否符合作业要求进行判断，并签字确认。

④及时掌握作业过程中可能发生的条件变化情况，当有限空间作业条件不符合安全要求时，要终止作业（需要确认撤销作业或当作业结束后确认终止进入）。

⑤进入有限空间的作业人员，每次工作时间不宜过长，应由作业负责人视现场情况安排轮换作业或休息。

2. 作业监护人职责

①监护人应接受有限空间作业安全生产培训，熟悉作业程序、有判断和处理异常情况的能力，懂急救常识。

②监护人对安全措施落实情况随时进行检查，发现落实不够或安全措施不完善时有权提出暂停作业。

③全程掌握作业人作业期间情况，保证在有限空间外持续监护，能够与作业者进行有效的操作、报警、撤离等信息沟通，如发现异常，及时制止作业，并立即采取救护措施。

④在发生以下紧急情况时向作业者发出撤离警告，必要时立即呼叫应急救援并在有限空间外实施紧急救援工作：

a. 发现禁止作业的条件；

b. 发现作业人出现异常行为；

c. 密闭空间外出现威胁作业人安全和健康的险情；

d. 监护者不能安全有效地履行职责时。

⑤防止未经授权的人员进入。

3. **作业人员职责**

①应接受有限空间作业安全生产培训。

②持有经审批同意、有效的《有限空间作业票》进行作业。

③作业前，作业人员应充分了解作业方案中的各项内容，熟悉所从事作业的危害因素和相应的安全措施、应急预案等。

④《有限空间作业票》中所列的各项安全措施经落实确认，监护人、作业负责人签字同意后，方可进行作业。

⑤对进入有限空间作业的内容、地点、时间与审批单不符，监护人不在场，劳动保护着装、防护器具和工具不符合规定，强令作业或安全措施未落实的情况，有权拒绝作业，并向上级报告。

⑥与监护者进行有效的操作作业、报警、撤离等信息沟通。作业人员发现情况异常或感到不适或呼吸困难时，应立即向监护者发出信号，迅速离开有限空间。

（五）承包管理

各单位委托承包单位进行有限空间作业时，应严格承包管理，规范承包行为，不得将工程发包给不具备安全生产条件的单位和个人。

各单位将有限空间作业发包时，应当与承包单位签订专门的安全生产管理协议，或者在承包合同中约定各自的安全生产管理职责。存在多个承包单位时，各单位应对承包单位的安全生产工作进行统一协调、管理。承包单位应严格遵守安全协议，遵守各项操作规程，严禁违章指挥、违章作业。

（六）培训

各单位应对有限空间作业负责人员、作业者和监护者开展安全教育培训，培训内容包括：有限空间存在的危险特性和安全作业的要求，进入有限空间的程序，检测仪器、个人防护用品等设备的正确使用，事故应急救援措施与应急救援预案等。培训工作需要进行记录，培训结束后，应记载培训的内容、日期等有关情况。各单位没有条件开展培训的，应委托具有资质的培训机构开展培训工作。

（七）应急救援

生产经营单位应制订有限空间作业应急救援预案，明确救援人员及职责，落实救援设备器材，掌握事故处置程序，提高对突发事件的应急处置能力。预案每年至少进行 1 次演练，并不断进行修改完善。有限空间发生事故时，监护者应及时报警，救援人员应做好自身防护，配备必要的呼吸器具、救援器材，严禁盲目施救导致事故扩大。

（八）事故报告

有限空间发生事故后，生产经营单位应当按照国家和本地区有关规定向所在区县政府、安全生产监督管理部门和相关行业监管部门报告。

三、有限空间作业审批程序

进入有限空间作业单位（班组）填写《有限空间作业票》，由作业单位的作业负责人对作业票中作业安全措施准备工作的情况进行落实，并确认签字。由有限空间所属单位的所级安全管理人员及所级领导审批确认，审批后由所级安全管理人员保存第一联，并将第二联返还作业单位。

作业单位在作业现场须持经领导确认的作业票方可作业，并在作业前填写《有限空间作业现场检测及安全措施确认单》（以下简称《确认单》），由监护者填写作业票号和作业点设施名称，由检测人员在作业前对有限空间进行检测，然后填写“进入前检测数据”并签字。现场监护者核实检测数据和确认作业现场安全措施情况并签字，由现场作业负责人最终审批后方可进行作业。

四、有限空间作业准入管理

在作业负责人按照作业审批程序完成现场审批后，准入者方可进入有限空间。应确保进入有限空间的作业人员与作业票准入者名单相符，并保证在进入前准入者的准备工作全部完成。

准入时间不得超过作业票上规定的完成作业时间。有限空间作业一旦完成，所有准入者及所携带的设备和物品均已撤离，要及时关闭作业程序，在《确认单》上记录撤离时间。当发生了必须停止作业的意外情况，要终止作业时，应在《确认单》上记录终止时间。当现场不具备条件作业取消时，应在《确认单》上注明取消时间。

《有限空间作业票》和《确认单》是进入有限空间作业的依据，任何人不得涂改且要求安全管理部门存档时间至少一年。如需作废应由安全管理员加盖作废章。

燃气自然灾害安全管理

燃气管道距离越长，其通过的地质条件就越复杂。管道沿线可能对管道造成危害的自然灾害主要有地震、崩塌和滑坡、泥石流、采空塌陷、冲蚀坍岸、风蚀沙埋、洪水、冻土、大风、软土、盐渍土、岩溶塌陷、雷电等。其中地震、洪水、崩塌和滑坡、泥石流、冲蚀坍岸岩溶塌陷、风蚀沙埋对管道安全影响较大。

第一节　自然灾害的种类

一、地震

地震是地壳运动的一种表现，虽然发生频率低，但因目前尚无法准确预报，具有突发的性质，且一旦发生，财产和环境损失十分严重。地震产生地面竖向与横向震动，可导致地面开裂、裂缝、塌陷，还可能引发火灾、滑坡等次生灾害。地震对管道工程的危害主要表现在可使管道位移、开裂、折弯，还可破坏站场设施，导致水、电、通信线路中断，引发更为严重的次生灾害。

二、洪水

我国西部河流大多为内陆河流，河流以高山的融雪和大气降水为水源，具有落差大、暴雨洪水洪峰流量比平均流量大几倍甚至几十倍的特点。一般来讲，山区降水量多于平原地区，且山区降水量是平原区的 5～6 倍，降雨是洪水形成的根源。雨季有较大降雨时，可在短时间内形成洪水径流，流速急、涨落猛，夹杂大量石块泥沙，并易形成泥石流，对穿越河流的管道具有一定的威胁，特别是布设在弯曲河段凹岸一侧的管道，可能会因沟岸的坍塌而被暴露出来，甚至发生悬空和变形。在低山沟谷、山前冲积平原出山口及山间洼地中的冲沟、冲沟汇流处，降水形式常以暴雨为主，洪水中夹杂着泥沙，形成特有的暴雨洪流危害，会对岸边造成冲刷破坏，并具有短时间内破坏建筑设施、道路工程、管道工程设施等危害。这些地段河流落差大，河床不稳定，下切速度快，很容易对管道造成威胁。如新疆的鄯—乌输气管道从白杨河穿越，前一年秋天做的过水面在第二年 5 月已下切 1.5m；1996 年白杨河突发洪水将建设中的鄯—乌输气管道冲断。

三、崩塌和滑坡

地质构造活动强烈的地区，岩石松散破碎，地形变化较大，易形成崩塌和滑坡。若有天然气管道经过此地区，管道建设和运营安全可能受到影响，如西气东输管道经过新疆某区域时，管道在山谷中穿行，地表风化作用强烈，地质环境脆弱，管道线位选择余地小，只能紧靠山体斜坡敷设。该地段地形陡峻，两侧基岩坡角较大，一般大于40°，最大能达到60°，崩塌、滑坡危险地段长达几十千米。

四、泥石流

例如，西部地区产生的规模较大的冲沟，冲沟中松散堆积物丰富，坡积物较厚，成为潜在泥石流隐患，一旦遇到突发性的强降水，存在发生泥石流的可能性。

五、冲蚀塌岸

冲蚀是在地表水的动力作用下，地表、冲沟或河床中的碎屑物被搬运，造成河床和岸坡磨蚀的现象。塌岸主要指冲刷作用造成河岸或冲沟岸坡的坍塌现象。

六、风蚀沙埋

风蚀常与沙漠和砾漠化（戈壁滩）相伴出现，风蚀作用表现为风力及其夹带的沙石对障碍物产生巨大的冲击和磨蚀作用，引起障碍物损坏。随风移动的粉细沙常常在低洼地沉积下来，形成移动沙丘、沙垄等，容易造成低洼处被沙淤埋或填平，成为沙埋灾害。

七、煤矿采空塌陷和自燃

如管道经过煤矿采矿区域，该区域矿井分布密集，存在采空塌陷区域，或同时存在未塌陷的地下采空区，在管道施工和运营过程中就会具有产生塌陷和不均匀沉降的危险，对管道造成破坏。此外，煤层的自燃现象也会危及管道的安全。

八、冻土

季节性冻土对管道的危害主要是冻胀。地基土的冻胀可使管道中应力发生变化，严重时将影响管道安全使用。多年冻土对管道的危害主要是融沉。局部不均匀融沉可使管道应力发生改变，从而影响管道安全。

九、地震与沙土液化

饱和沙土在地震力作用下，受到强烈震动后土粒会处于悬浮状态，导致土体丧失抗剪切强度进而地基失效的现象，称为地震液化。地震液化是一种典型的突发性地质灾害，它是饱和沙土和低塑性粉土与地震力相互作用的结果，一般发生在Ⅷ～Ⅸ度的高地震烈度场内。

十、岩溶地面塌陷

岩溶地面塌陷是岩溶分布区内普遍存在的一种危害很大的自然现象，是在地下水动力条件急剧变化的状态下，由发育于溶洞之上的土洞往上发展，洞顶上覆土层逐渐变薄，抗塌陷力不断减弱，在接近或超过极限的情况下而诱发地面塌陷。

十一、盐渍土

盐渍土对管道有腐蚀性，对混凝土钢结构具有中等强度的腐蚀性。盐渍土的主要危害是其中的 Cl^-、SO_4^{2-} 腐蚀金属管道，缩短管道寿命。盐渍土的另一危害是地表土体中的大量无机盐在水的作用下可以发生积聚或结晶，体积变大造成地表发生膨胀变形，形成盐胀灾害。当大量易溶盐类在降水或地表流水作用下被溶解带走时，常会出现地基溶陷现象。

十二、雷电

管道架空部分和地面部分（如跨越管段、站场管道和工艺设施），相对于整个埋地管道而言都是优良的接闪器，在附近空中有云存在的情况下可能会形成一个感应电荷中心，从而遭受直击雷的威胁。管道不仅会感应正雷，还会感应负雷。正雷和负雷对管道，特别是对阴极保护设备的运行存在着不同程度的影响。当管道上空形成雷云时，其下面大面积会形成一个静电场，埋地管道也同大地一样表面感应出相反的电荷，当电荷积聚到一定程度而又具备了放电条件时，会出现一次强烈的放电过程。但是，由于三层 PE 优良的绝缘性能，管道电荷的泄放速度很慢，一旦发生管道局部的放电，管道内就会形成一股强大的电流（涌浪）。对于绝缘性能很好的管道，这种涌浪在管道或接触不良的部位产生高压，引起第二次放电。

第二节　地震对燃气管道的危害

地震是地球内部突然发生的一系列弹性波。地震发生时，从有震感到强烈震动，需要几秒到几十秒的时间。地震时除因强烈震动而直接导致建筑物倒塌、电线折断、容器管道破裂、引起火灾爆炸之外，还可能伴随出现地面隆起或下沉、滑坡断层、地裂，甚至山崩、海啸等现象，从而造成重大财产损失和人员伤亡。

我国是一个多地震国家，地震灾害严重。很多油气田位于地震带上或其附近，对油气田安全构成严重威胁。对石油天然气生产来说，地震会造成钻机倾覆、油气井毁坏、储罐开裂或倾覆、管道及阀件断裂，以及塔内容器倾斜或损坏等危害。其中储罐、管道及各种大型容器均属于高柔性设备，且多为集中布置，被输送、加工的石油和天然气等又是易燃易爆物品，因此，地震时不仅损坏率高，还可能伴随发生火灾、爆炸等严重的二次事故。

地震灾害对石油、天然气设备设施主要的危害表现在以下方面。

第一，对油气储罐的震害：由于储罐具有容积大、罐壁薄、数量多、布置集中等特点，震害比较复杂，影响范围较大。

第二，对油、气、水管道的震害：油、气、水管道在油气田内纵横交错，管道规格多，类型及设置情况复杂。管道一旦遭到破坏，直接影响生产和居民生活。

第三，对油气厂矿的震害：一般情况下，油气厂矿有很多原油罐、储气罐、各种加热炉塔、器以及管网系统。地震主要会造成罐、管线损坏，对其他设施也有很大程度的破坏，甚至会造成倒塌、转动。

第四，对油气井的震害：地震时，在波及区内的油气井会发生套管变形、断裂、井口错位、井架歪斜等灾害。

地震灾害对石油天然气勘探开发来说，主要有以下特点。

第一，损失严重：这是由油气作业场所偏僻、人员相对集中、设备设施昂贵、生产环节联系紧密等原因造成的。

第二，次生灾害突出：主要是因为油气田生产、储存、输送的易燃易爆和有毒物质较多。

第三，污染范围较大：油气作业涉及的物质具有强扩散性，对周围居民和环境会造成严重的影响。

从燃气行业角度来看，随着我国西气东输的实施，城市燃气管道化已经比较普及，天然气、液化气、人工煤气、沼气等燃气管道网络在我国迅猛发展，这给提高经济效益、减少城市大气污染、方便居民生活等方面都带来好处。但由地震灾害引起的各类安全问题也给人们带来深深的忧虑，例如，四川汶川地震造成房屋、道路等地上建筑的严重毁坏，地下管线的损坏程度也十分严重。

在我国，采用管道方式供气的主要气源有天然气、人工煤气、液化气。其主要构成包括管道、门站、调压设备以及附属设备等，这些设备共同构成燃气管网系统。随着时间的推移、地壳的变化、环境的影响，尤其是当地震发生时，产生的破坏力会使燃气管道断裂，使燃气发生泄漏，遇到明火就会发生爆炸，造成严重的次生灾害。

第三节　燃气管道地震安全管理

一、安全管理背景

四川汶川大地震后，燃气行业从业者面临着新的考验，能否在自然灾害发生时在最短的时间内将损失降到最低成为燃气行业从业者新的研究课题。是否可以通过大家的努力，消除由于地震造成的设备和管网的破坏，最大限度地减少次生灾害呢？我们可以借鉴他国经验，在其基础上，进行自我完善。日本是世界著名的地震多发国，全世界震级在里氏 6 级以上的地震中，20% 以上就发生在日本。20 世纪 60 年代以后，日本积极推动各种对抗地震灾害的政策，尤其注重灾害防范方面。从 1995 年阪神地震之后，日本重新建立了地震监测系统，该系统与 2011 年仙台地震后实施的地震监测系统比较起来，发生了巨大变化：从仙台地震后 20 万户自动停止供气发展到阪神地震后 100 万户停止供气；从仙台地震损伤推测、判断支援、自动切断的应急模式发展到阪神地震后可知道详细信息、远距离切断、执行情况掌握、经常演习的应急模式。

目前，日本燃气公司已经在东京、大阪、横滨等地建设了以地震感知器为基础，以震害快速评估结果为指导，以自动关闭、远程指令关闭装置为核心的燃气供应网络地震紧急处理系统，该系统可有效避免或减少地震发生时由于管道破裂、燃气泄漏导致的爆炸、火灾等次生灾害事件。一些发达国家在逐步提高工程结构抗震能力的同时，在防震减灾实践中探索出一种减轻地震灾害的技术手段，即在重大基础设施和生命线工程建立地震紧急处理系统。目前，在一些城市和地区的燃气供应网络中，已经建设了多个地震紧急处理系统，有的系统经受了强烈地震的考验，取得了明显的减灾效果。他们的宝贵经验与相关成果可供我们借鉴。

具体做法是：在每个用户端安装智能燃气表，当地震震动超过设定报警值时自动关闭燃气调节阀；在各小区燃气管线调节阀附近安装地震感知器，当地震感知器感知的地震震动超过设定报警值时切断燃气供应；在中、高压燃气管网和供应源，布设地震感知器，通过快速评估进行综合决策，并由控制中心远程控制切断阀的关闭。

二、针对地震的应急对策

以日本为例，研究针对地震的应急对策，东京瓦斯（全称东京瓦斯株式会社）通过十几年的研究，目前已形成预防对策、紧急对策以及恢复措施三大应急体系。

（一）预防对策

为防止地震发生后引发二次灾害，需要在地震发生的同时尽可能停止供气。控制停气的方法之一便是在日常供气管理中把供气区域进行分块，随时主动控制各块（区域）的供停气情况。

停止供气需要借助地震仪器来实现。当地震达到一定级别（通常为5级）时，地震仪主动停止调压站与调压箱的工作，实现区域停气的目标。停止供气的方法是停止目标区域的调压站和调压箱的工作、中压管道上的阀门紧急关闭、停止制造设备和储存设备的煤气送出工作。许多燃气企业都增设了远距离监控系统，随时掌控各供气系统的切断情况。

（二）紧急对策

紧急对策指通过地震感知器对供气线路进行监控，当供气管线发生损坏时，迅速准确切断，防止次生灾害的发生，包括：第一时间掌握3800处震级、燃气压力的数据收集，通过模拟损害情况，推算损失情况；对东京地区进行分片管理，高、中、压管线必须放散，各用户燃气表能够自动切断，以及保证主要供给设备迅速、准确地切断。

（三）恢复措施

要建立行业集体相互救援体制。当地震发生时，要全行业共同行动进行支援。此处以日本燃气协会编制的《地震等非常事态下的救援体制》（概要）为例来说明。

1. 派遣先遣队

当发生地震，受灾燃气企业停止供气的情况出现时，首先由地方协会、近邻同行、行业大企业和燃气协会共同组建先遣队，赶赴事发地点。

2. 救援体制

受灾企业向地区协会会长发出救援申请，该会长要根据先遣队的意见与中央协会协调，决定救援措施。

3. 救助费用的负担

展开救援活动后，参加救援的各企事业单位的人工费由参加的企事业单位负担，其他的（如住宿费、材料费、工程费等）由受灾企业负担。

4. 救援金的支付

为减轻受灾企业的负担，1993年北海道地区地震发生以后，由燃气供气企业共同努力，设立了专门的救援基金，按照一定的规则进行发放。

三、地震紧急处理系统

（一）系统基本原理

地震紧急处理系统，是通过安装在各地的地震感知器监测震动信息，并根据震动频率和加速度值快速检测出结果，当震动级别超过设定值时，迅速切断与地震感知器相连的切断阀。同时，地震感知器通过无线或者网络，将信息传送到控制中心，必要时由控制中心对各地设备实行远程操作，以达到减轻地震灾害的目的。

（二）系统组成

地震紧急处理系统包括地震信息获取、地震信息传输和综合决策三个部分。

1. 地震信息获取

在关键设备周边布设地震感知器，并与紧急切断阀相连，通过无线或网络技术，实时获取关键设备周边地面运动信息。由于地震纵波（P 波）传播速度最快，这样一旦获取地震纵波信息，可以抢在地震面波（面波又称 L 波，是由纵波与横波在地表相遇后激发产生的混合波。其波长大、振幅强，只能沿地表面传播，是造成建筑物强烈破坏的主要因素）到达关键设备之前发布地震警报，并迅速开启紧急切断阀。

2. 地震信息传输

在开启紧急切断阀之后，地震感知器可通过两种方式向控制中心发送数据。第一种，地震感知器可与专用的无线发射器相连向控制中心发送信息；第二种，地震感知器可与控制系统相连，通过一组 4 ~ 20 mA 的模拟信号向区域控制中心发送信息，并由设备控制中心向总控制中心发送。

3. 综合决策

总控制中心接收到地震感知器发送的信息后，可快速判定地震参数和地震影响场，并对受损设备进行监测，如发现由于地震引起的紧急切断阀工作异常，可由控制中心对关键设备进行远程控制，从源头杜绝漏气的发生，将次生灾害的发生概率进一步降低，并在此基础上进行紧急处理措施决策。

（三）地震感知器的应用

1. 源头控制

燃气一般是在气源厂生产，然后经由中压管道输送到各个片区，再经低压管道分配到各用户小区。为了减轻局部管道设施地震破坏给整个系统带来的影响，在出厂主干管道端和中压管道各相对独立的片区以及中压管道与低压管道交接处设置紧急处理装置。在这些位置上安装地震感知器，可以在地震发生时从源头切断，有效防止地震对管线破坏后产生的燃气泄漏问题。此处的地震感知器报警值根据管网结构组成、管道特性参数（管材、规格、接口形式等）、运行环境（埋深、工作压力等）综合考虑设定报警值。

在调压站，当发生大的晃动时，地震仪启动，停止供气，并向指挥中心发送信号，同时，指挥中心也可以根据情况通过无线系统控制调压站停止供气。

第一，指挥中心。时刻掌握各制造设备和供气设备的运行情况。当发生大地震等异常现象时，发出各式指令。

第二，上空放散。当地震发生时，各设备都停止工作，也停止供气。但是管道中还残存有燃气，此时进行上空放散，排出比空气轻的天然气。

2. 区域控制

在小区接入端设置地震紧急处理装置的目的是在小区内燃气设施因地震破坏发生燃气泄漏时，将供气阀门关闭，降低火灾、爆炸等次生灾害发生的可能性。根据燃气设施本身抗震能力的强弱、建筑物的抗震性能设定报警值。

3. 用户控制

地震发生后，即使用户端建筑物没发生倒塌破坏，用户端燃气设施也会由于建筑物楼层地震反应过大而发生晃动、移位、倾倒、滑落、断裂等现象，有可能造成火灾或爆炸事故的发生。因此，日本在各大城市和区域燃气供应网络地震紧急处理系统建设中，在所有用户端均安装了自动处理阀门，以减少此类事故的发生。

4. 远程控制

由于地震感知器安装方便，兼容性强，可对现行控制系统进行改造，将地震感知器与主控系统进行融合。当地震感知器将报警信号发送至控制中心，控制中心根据实时监控数据监测设备运行情况，并根据实际情况对设备进行远程控制，为从源头、区域控制燃气泄漏上了双保险。

（四）地震紧急处理系统建设中应注意的问题

在地震紧急处理系统中，报警值的确定关系重大。若报警值过高，则会出现燃气设施地震破坏严重，但处理系统仍未启动的现象；而报警值偏小，则会发生小地震事件下处理系统频繁动作，增大了误触发的比率，人为因素造成次生灾害。因此，在建设地震应急处理系统时应该注意燃气供应系统地震紧急处理报警值确定原则和方法研究以及报警值合理取值研究等。具体燃气供应系统建设地震紧急处理系统需要解决的一个关键问题，是在全面了解系统各组成部分抗震能力的前提下，合理地确定紧急处理的报警值，即启动处理装置的地震动参数、设施反应和系统功能状态的临界值，如果系统抗震性能较好，则报警值可设得高一些，相反则需设定较低的报警值。科学合理的报警值的确定是保证地震紧急处理系统发挥作用的前提。

第四节　燃气管道洪水安全管理

洪水冲蚀事故的发生具有一定的偶然性，每年汛期洪水都会频繁发作，而且发作强度很难准确预测，由此造成的事故也相应较多。如 2005 年一场突如其来的暴雨降临西部某地区，洪水冲毁了一条输气管道 120 多米的管堤，通信光缆被冲出管沟，主管道大面积暴露。经过四天的抢修，才完全修整并恢复了被冲毁的管堤及周边地形。

洪水冲蚀常见的事故类型有：

①在穿越河流时，由于管道埋深不够，致使管道被洪水冲出而裸露，严重时会造成断管。

②顺着河岸敷设时，由于岸坡不稳定，特别是在弯道附近，凹岸受冲击，极易塌陷，造成管道悬空裸露。

③陡坎、陡坡地段，管沟回填土比较松散，若不采取一些必要的措施，雨季地表水顺管沟形成集中冲刷，会使管道裸露。

一、事件类型和危害程度分析

（一）突发事件风险来源

①某液化气公司两条 d159 输油管线穿越永定河卢沟桥管架桥，是连接储备厂与灌瓶厂的咽喉要道，被确定为市级防汛重点部位。

②天然气穿越河道的管段及其附属闸井、抽水缸；输配厂、灌瓶厂、供应站、调压间、调压站、闸井等燃气供应设施。

③配电室、锅炉房、仓库、施工工地、平房宿舍、地下车库。

④避雷设施、排水系统、用电设施。

（二）突发事件可能导致紧急情况的类型及其影响

按照市防汛应急指挥部确定的汛情预警级别，汛情由低到高划分为一般（Ⅳ级）、较重（Ⅲ级）、严重（Ⅱ级）、特别严重（Ⅰ级）四个预警级别，依次采用蓝色、黄色、橙色、红色加以警示。

（三）液化石油气输油管线应急措施

某液化石油气公司从燕山石化及东北、华北各炼油厂购入液化石油气，经输油管线或汽车槽车分别送往凤凰亭、闫村、云岗三个储备厂，由两条 d159 输油管线分别输送到西、南郊两个灌瓶厂进行灌装，灌装后由汽车送到各供应

站实现销售、供应。为防止汛期因卢沟桥管架桥或长输管线出现意外事故而造成液化石油气供应中断，成立以液化气管线管理所为主的抢险队，一旦卢沟桥管架桥或长输管线出现事故，启动《卢沟桥管架桥防汛抢险预案》或《长输管线突发事故应急救援预案》，抢险人员立刻赶赴现场进行抢险。同时，成立以配送公司为主的槽车应急运输队，一旦卢沟桥管架桥或长输管线出现事故，中断输油，启动《危险货物安全运输防汛应急方案》，组织槽车赶赴三个储备厂，向市内运送液化石油气或由采购部组织外埠槽车向市内两个灌瓶厂运送液化石油。

二、天然气应急措施

（一）双向供气过河管线发生汛情

根据管线损坏情况，关闭河两侧的主截门，并在截门后加盲板，用鼓风机吹扫过河管线，吹扫合格后由工程所人员对过河管线进行抢修，抢修完毕，拆除河两侧主截门盲板，利用一侧放散截门进行置换，置换合格后关闭放散截门，缓缓打开河两侧的主截门，恢复正常供气。

（二）单向供气过河管线发生汛情

方案一：根据管线损坏情况关闭河两侧的主截门。根据地形铺设临时管线，将临时管线接在河两侧主截门后的放散管上，利用临时管的放散截门进行置换。置换合格后，将放散截门全部打开，利用临时线供气。需架设塑料管线时，请示集团公司调度中心，调动天环公司抢修队伍，工程所抢修过河管。抢修完毕后，恢复干线供气，拆除临时管线。

方案二：根据管线损坏情况关闭河两侧的主截门。在地形不适于铺设临时管线的情况下（如河面过宽、不利于施工等情况），为了确保下游用户的正常供气，可对下游管段采取 CNG 临时供气措施。CNG 临时供气系统包括：CNG 槽车、卸气柱、撬装调压箱、撬装伴热锅炉（如果供气时间较长，还应配备一个循环水补给罐）以及一台小型的发电车。

液化气补气方案在实施时，关键问题是液化气与天然气的互换性，由于目前配备设备的参数已经设定好，液化气同空气按比例混合后能够保证同天然气具有互换性。整个液化气混空气临时供气系统要比 CNG 供气系统占用的空间小很多，更适于在城区使用。

三、压缩天然气应急措施

压缩机橇块发生汛情：发现人员应立即按下最近处的紧急关断钮，切断站内电源，关闭压缩机撬外和优先控制盘相连的所有阀门、储气瓶组的所有阀门，并控制撬内回收罐阀门以保持压缩机系统内燃气为正压，然后立即电话通知企业调度室，布置现场警戒线，摆放沙袋，采取措施防止事故扩大，抢险人员到达现场后开展救灾抢险。

干燥器、储气瓶组、进站管线发生汛情：发现人员应立即按下最近处的紧急关断钮，立即切断站内电源，关闭储气瓶组所有阀门、干燥器通往压缩机的出气阀门，控制进站总阀门以保持系统内的燃气为正压，然后立即电话通知企业调度室，布置现场警戒线，摆放沙袋，采取措施防止事故扩大。

售气机、加气柱发生汛情：发现人员应立即按下最近处的紧急关断钮，关闭加气阀门，取下加气枪，切断站内电源，然后立即电话通知调度室，布置现场警戒线，摆放沙袋，采取措施防止灾情蔓延。

空气压缩机、主控室、站内配电室发生汛情：发现人员应立即按下最近处紧急关断钮，切断站内配电室主进开关，然后立即电话通知调度室，摆放沙袋，布置现场警戒线，采取措施防止灾情蔓延。

施工工地措施：外线工地开工前要进行雨季施工准备，开槽后沟槽周边要有围堰，防止雨水灌槽引起沟槽塌方；认真检查燃气设施运营维护地在大暴雨时可能发生的险情，提前采取必要、有效的防范措施，做好暴雨中的巡视检查工作，雨后要加强工地防护措施，落实汛期安全防范制度。在气象部门发布暴雨预警时，应停止施工并安排工人撤离施工现场或危险区域，在暴雨天气结束、恢复施工之前，必须逐个环节、逐个部位对施工现场进行全面细致的安全检查，确保不留隐患方可开工。

四、应急抢险装备

负责燃气供应的各企业应配置抢险车、发电机、抽水泵、潜水泵、作业灯、疏通机、防爆手电、对讲机等装备，其他各单位应配置水泵等常用装备。

五、应急物资

各单位根据供应区域、办公场所的抢险任务不同，配置一定数量的沙袋、编织袋、警示牌、钢纤、铁丝、大锤、锹、镐、苫布、水桶、麻绳、雨衣、雨鞋等物资，指定专人负责看管，保证汛期时物资拿得出、用得上。

第六章

人为因素与燃气安全管理

城镇燃气的安全管理涉及面很广，燃气的规划、设计，燃气工程的建设、施工，燃气的经营和使用，燃气设施的运行、维护，燃气器具的销售、安装、维修等环节都存在安全管理问题。其中，燃气设计原因、燃气设施被第三方破坏等原因造成的安全管理问题，往往与人的主观意识、行为有关。如果对相关行为进行规范，就可能最大限度地避免人为因素造成的燃气安全事故。

第一节　燃气管道设计的安全理念

一、概述

燃气管道工程是一项投资大、涉及面广、安全风险高的系统工程，因此，必须从燃气管道系统工程的设计开始，就按照相关法规和标准的要求系统地考虑管道施工、投产、运行和维护等诸多方面问题，并对不同的设计方案进行风险分析，使之满足管道安全、可靠和高效运行的设计理念。

目前，我国新建燃气管道已逐步与国际标准接轨，如采用新的设计标准、先进的工艺运行控制技术、高强度的管道材质、技术先进与制造优良的输气设备等。但由于管理体制的因素和我国相关法规、标准以及装备技术整体水平的原因，管道的系统性效率及其安全性、可靠性等综合水平还有待提高。

二、理念

①尽可能降低社会公众、燃气企业员工及环境所面对的风险。

②研究相关法规和标准的实效性，必须高于其要求；探讨新理念、新方法及新技术的发展和应用。

③要评估系统试运投产的可行性和安全性。

④要考虑管道的运行安全、成本控制以及维护的便捷性。

⑤要考虑是否便于工程施工、运行操作以及项目运作的灵活性。

三、原则与要求

①合理的规划是确保燃气管网工程安全、可靠的关键，要结合国家的能源战略、产业政策以及各地经济的发展规划，进行全国或地区的燃气管网规划。

②在管网规划的基础上，燃气管道的设计应考虑管道间的联网运行，而燃气管道联络线的设计应考虑保证供气和双向输送的功能。

③燃气管道的设计应考虑近、远期的各种极端工况、调峰工况、事故工况、日常工况等，合理地确定管道的管径和运行参数，以增大管道的适应性。

④对全线燃气调压站的布局和位置，应在管道的输送压力和管径确定、优化压比后确定；其他站场的布局应根据市场分布、站场功能及社会依托条件等综合确定。

⑤为提高对社会安全保障的要求，调度控制中心应能对全网和全线进行远程控制。

⑥站场工艺流程应根据确定的功能进行优化，要简化流程，以减少压力损失，合理进行设备选型，确保系统安全及正常运行。

⑦燃气管道原则上仅为下游用户承担季节调峰责任，对于燃气电厂等用气规模大、用气规律特殊的用户可以考虑承担小时调峰责任。

⑧管道安全保护系统动作先后顺序宜为：自动切换、超压紧急切断、超压安全泄放。一般站场的安全保护系统应包括 ESD 系统（紧急停车系统）、自动切换、超压紧急切断、超压安全泄放等。

四、系统安全影响因素

（一）管道压力

管道的最大允许工作压力受安全、设计、材料、维修历史等因素影响。系统运行压力不得超过该系统认证或设计的最大允许工作压力。如果任何管段发生影响管段最大允许工作压力的物理变化，必须对最大允许工作压力进行重新认证。管段的最大允许工作压力应取决于以下各项的最低值：

①管段最薄弱环节部件的设计压力。

②根据人口密度和土地用途确定设计压力等级。

③根据管段的运行时间和腐蚀状况确定最大安全压力。

通过应力分析进行管道及管道构件的设计，管道及管道构件的压力等级应保持一致。

（二）管道路由

管道通过地区的洪水、地震、滑坡、泥石流等地质灾害已成为对管道安全造成危害的主要因素，因此，应在地质勘察的基础上，结合国内外先进的经验，对沿线地质状况进行仔细分析和研究，制订出可靠的防护方案。

近年来，发达国家都在对通过各种地质灾害影响区域的管道敷设方案进行大量的研究，提出了很多改进措施。由于地质活动的复杂性，为减少和减轻地质灾害对管道造成的破坏，在设计时就应综合考虑线路选择和对地质灾害有效的防护措施，以便确定最佳的线路方案。同时，长期对重点区域的地质活动和管道应力变化进行监测，并将其纳入管道控制之中，以便随时掌握地质活动情况和管道安全状况，确保管道运行安全。

（三）腐蚀控制

腐蚀控制系统的设计应符合相关规范，确保所有新建埋地阴极保护在投产前完成。设计中应规定所需的测试、检测和调查，以判定管道设施上腐蚀控制的有效性，如大气腐蚀检测、绝缘设备检测、整流器和地床检测、避雷设备检测、外界搭接检测、整流器运行情况检测、外露管道检测、外界干扰搭接的调查、牺牲阳极的调查、阴极保护水平调查、杂散电流调查、干扰测试。

（四）燃气气质

进入管道的燃气气质必须符合国家燃气气质标准。应使用气相色谱仪、硫化氢分析仪、露点分析仪等设备检测进入管道的燃气，避免超标的燃气进入管道。站控系统在检测到气质超标时应进行报警。气相色谱仪应实时分析管道的气体组分。气体组分和热值数据应上传到站控系统。色谱分析仪向站控系统提供设备诊断信息和设备报警信息。

五、系统安全保护

（一）系统保护

1. 管道保护系统

管道保护系统需进行分级设置，并确定优先顺序。例如，部分单体设备应单独采取本地保护措施，以保护其自身系统；通过站控系统和安全系统来对整个场站设施进行保护；按照管道系统保护原则，通过 SCADA 系统对整个管道系统进行保护。SCADA 系统监控整个系统的异常情况或威胁系统完整性的情况，如果控制中心操作员没有采取任何措施，SCADA 系统可自动采取保护措施确保整个管道系统的安全。

保护系统的逻辑至关重要，在管道系统出现问题时，不能简单地通过停止设备或关闭阀门来解决，这样可能会增加问题的严重性而不能解决问题。

此外，还应考虑 SCADA 系统远控失效情况下的系统保护问题。如果 SCADA 系统不能正常下发控制命令来保护系统或找出问题，本地保护系统应该能够控制和保护现场设备。如果站控 PLC 或 RTU 与控制中心通信中断，站控 PLC 或 RTU 可自动判断出通信中断，并能够自动由远控方式切换到站控方式。

2. 调控中心

在整体系统保护理念下，安全始终是运行及控制原则中首要考虑的问题，要实现安全第一的目标，调控中心应执行以下任务：

①对整个系统按以往操作历史进行评估，并对操作的复杂程度进行分级。

②应考虑使用 PLC 作为本地过压自动保护系统的控制器。PLC 对检测压力进行处理，并按照预先编制的控制逻辑自动向过压控制设备发出控制命令。

③每个场站应设置站控人机界面（HMI），便于本地维护人员和站控 PLC 之间交互。

④应采取积极的态度，借助自控系统硬件和软件防止系统发生过压情况，而不是在系统发生过压后再做出反应。

⑤应考虑在上游和下游站采取压力设定值的方式，保护站间系统。

3. 站控系统

站控系统至少应具有以下功能：

①通过站控 PLC 对站场的设备和工艺参数进行监控，包括压力、温度、流量、燃料气、空压机、火灾、可燃气体检测及站内压缩机、阀门、分离器运行状态等。

②与压缩机组控制盘进行通信，进行设置点控制和报警显示。

（二）安全保护

输气站的紧急停车系统（ESD）包括压缩机组的 ESD 系统（或其他单体设备 ESD 系统）和站场 ESD 系统。压缩机组的 ESD 系统用来完成压缩机组安全的逻辑控制，站场的 ESD 系统用来完成输气站安全的逻辑控制。

ESD 系统动作可手动（调度控制中心、站控室的 ESD 手动按钮、工艺设备区现场的 ESD 系统或压缩机组的 ESD 手动按钮）或自动（站场 ESD 系统或压缩机组的 ESD 系统信号）触发。无论 ESD 命令从何处下达及 SCS（站控系统）或 UCS（单元控制系统）处于何种操作模式，ESD 控制命令均能到达被控设备，并使它们按预定的顺序动作。所有 ESD 系统的动作将发出闭锁信号，在未接到人工复位的命令前不能再次启动。ESD 系统设备一般应由 UPS 供电。

1. 压缩机组的 ESD 系统

压缩机组的 ESD 系统是压缩机 UCS 中独立的系统，该系统在下列任一信号发出时，将使正在运行的压缩机组按预定的程序停车，并自动关闭压缩机组的进出口阀，关闭燃料气供给系统等。ESD 系统的启动主要包括以下信号：

· ESD 按钮动作；

· 接到调度控制中心或 SCS 的 ESD 命令；

· 压缩机组或燃气发动机轴振动超高报警；

· 空冷器振动超高报警；

· 压缩机组或燃气轮机轴承温度超高报警；

·润滑系统故障；

·压缩机机罩火焰探测器报警。

2. **站控制系统的 ESD 系统**

站控制系统的 ESD 应单独设置。在下列任一信号发出时，ESD 系统将按预定的程序停车，并关闭进出站阀，打开站内放空阀使站内高低压分别放空，待进出站压力平衡后打开越站阀使燃气走越站流程。主要信号有：

·ESD 按钮动作；

·接到调度控制中心的 ESD 命令；

·两个及两个以上可燃气体浓度探测器检测到可燃气体浓度超过最低爆炸下限的 40%；

·两个及两个以上压缩机厂房火焰探测器报警；

·经确认的输气站内重要设施发生火灾；

·站场 ESD 与压缩机组 ESD（或其他单体设备 ESD）具有连锁功能，当站场 ESD 启动时，压缩机组 ESD 自动启动。

场站至少安装两个 ESD 按钮，执行紧急关站。ESD 按钮应硬接线到站 ESD 系统。站 ESD 系统应独立于站控系统。所有 ESD 按钮状态都应在站控系统显示。ESD 系统在维护和测试时可被屏蔽，并在站控显示 ESD 系统的屏蔽状态。

六、站场设计要求

（一）一般要求

现场布置、间距和设备安装方位应采用统一标准，但可根据各站具体情况有所差异。在对现有系统进行改造和扩建时，站场系统设计应与已建系统保持一致。站场的设计至少应满足以下要求：

①系统中的所有构件（压缩机、仪表、阀门和管道）的尺寸选择应保证性能最优，所有设备应能满足所有运行工况。

②整个系统的设计应满足设计工况范围（压力、温度、密度、黏度、质量

和流速）要求。要保证单体设备和整个系统的灵活性，设备和相连管道应满足极端工况要求。

③对新建、改扩建系统或设施，应考虑操作、维护的便捷性和未来的设施扩建，包括所有仪表、阀门、阀执行机构、双截断阀放空管、法兰、排污管、注脂、电气接线盒和面板等都要有合理操作和维护的空间。

④对于需要拆卸维修的机械装置或设备，如压缩机、阀、仪表元件、仪器、仪表管、电套管、法兰螺栓、吊车、临时外部连接头等，要保证留出足够的空间。

⑤应为站场所有设备的操作、巡检和维护提供畅通无阻的通道、台阶和平台。

⑥各站场应有消防通道、回车场和吊车装卸作业通道。

⑦站内设施布局设计应考虑风向影响，放空管线、排污池应设置在站场主设备和控制室的下风侧。

⑧设备的最大噪声水平应符合国家及地方标准。设计时应考虑将噪声对员工健康和安全的影响降至最低，对附近社会公众和设施的影响也应满足要求。

⑨有人值守站场，如果发生报警应设置有报警声音警告现场人员。

站场宜设置区域阴极保护系统，以防止地下管道的腐蚀，保证地下管道的安全。

（二）站场功能

站场的各类系统至少应达到如下要求。

1. 分离（过滤）系统

①过滤设施上下游管道上应设置就地压力检测仪表和差压报警检测仪表。

②设置过滤器差压报警设定值应考虑工艺条件以及过滤器滤芯的承压能力。

③过滤器后的截断阀宜采用远控阀门，并应将阀门信息远传至站控系统和调度控制中心。

④过滤器发生故障或差压开关报警时应立即切换到备用过滤器。

⑤过滤器切换时，必须在备用过滤器上、下游截断阀处于全开位置时，故障过滤器上、下游截断阀才能关闭。

2. 调压系统

①分输调节阀宜设置为选择性保护调节，有压力控制和流量调节两种控制方式。

②压力和流量的设定可由调度控制中心或站控制系统完成。

③调压阀应具有自动调节和强制阀位调节两种模式。

④调压阀应设置为故障保护模式。

3. 站场放散系统

放散系统设置方式：

①在站场的进、出站管线上，压缩机及分离、计量、调压设备的下游应设置放散管线。

②站场的进、出站管线上的放散宜为自动放散系统，其他部分的放散宜为手动放散。

4. 自动放散系统的控制要求

自动放散系统应设置电动放散阀，电动放散阀应设置为故障保持模式。电动放散阀应该纳入站场 ESD 系统。ESD 触发时自动打开，排放站内管道燃气。

5. 清管系统

①清管器的收、发筒应考虑可以发送和接收管道内检测器。

②清管器的接收筒应考虑接收硫化亚铁杂质时的加湿措施，以防硫化亚铁遇空气自燃。

③清管器收、发送作业现场应有人操作。

④清管站应设置有排污池。

6. 分输系统

站场分输系统一般应有压力控制和流量控制两种模式。当流量低于限制值

时，宜为压力控制；当流量高于限制值时，应转为流量控制。

要保证经过流量计的流速在流量计允许范围之内。如果不设置调压阀，应考虑防止流量计反转的措施。

7. 线路截断阀室

线路截断阀室一般应设置远控或远程监视功能，线路截断阀执行器应选择气液联动执行机构，执行机构必须具有依靠自身动力源快速关闭线路截断阀的功能。其旁通阀、放空阀应为就地手动操作。线路远控截断阀控制要求：

①压降速率检测和自动关断。

②线路远控截断阀具有就地、远控关阀等功能。

③在调度控制中心应设置远控关闭的权限。

线路远程监视截断阀要求：

①压降速率检测和自动关断。

②在调度控制中心应该增加远程设置截断阀报警参数以及自动关断参数的权限。

③线路远控截断阀应有全开、全关阀位显示，并将信号远传到调度控制中心。

④线路远控截断阀具有就地开、关阀等功能。

（三）燃气调压站

燃气调压站通常分为两类：一是用于增加燃气压力的加压站，多用于长输管线、干线；二是用于降低燃气压力的减压站，多用于城镇燃气管网。燃气加压站通过增加管道气体能量来补偿燃气输送过程中的压力损失。站场的设计至少应满足以下要求：

①燃气调压站应与邻近构筑物保持安全距离，以减少发生火灾时蔓延邻近构筑物的可能性，燃气调压站应有畅通的环形消防通道。

②燃气调压站应与控制中心保持连续通信，并具备监控全站的功能，以便在发生异常和紧急情况时进行本地控制。

③燃气调压站内管道必须按照相关的规范要求进行设计，一般要求管道最大应力小于最小屈服强度（SMYS）的50%，还必须设计和安装足够的限压和放散设备。

④燃气加压站在机组正常运行工况下，越站截断阀关闭，进、出站阀全开，燃气经增压后进入下游管道。压缩机停运工况下，站隔断阀（进、出站阀）也可以保持常开状态，越站截断阀应打开。

⑤每个燃气调压站必须设有安全阀或其他防护设备，确保站内管道和设备不超过最大允许工作压力（MAOP）的10%。

⑥燃气调压站安全阀的放散管必须延伸到一个可以进行无害排放的位置。

⑦在进行场站维护和紧急关站（站ESD）时，不应中断干线输气。在紧急关站（站ESD）时，进、出站阀自动关闭，越站截断阀应在前后压力平衡后打开（手动或自动）。

⑧燃气调压站可配备气相色谱仪，监测热值、压缩因子、组分和其他特性。可用其他设备监测水露点、温度和压力。

⑨燃气调压站要在多个位置测量燃气温度。站出口燃气温度需要测量并传至SCADA系统，以保护燃气调压站下游干线管道涂层。有些站还要配备冷却器以控制站出口温度。

⑩在压缩机组出现异常情况或场站需要维护时，可采取管线放散或火炬放散的方法降低场站运行压力。在紧急情况（ESD）下，自动关闭进、出站阀和机组进、出口阀，并打开放空阀，降低站内压力。

⑪每个燃气调压站必须有足够的消防设施。自动消防系统的控制不受ESD系统的影响。

⑫每个燃气调压站的驱动设备必须配备自动保护装置，以保证压缩机组在超过最大安全转速之前自动关闭。

⑬每台压缩机组都必须安装报警设备和停机装置，用于在冷却或润滑不足时保护机组。

⑭燃气发动机需要配备燃料气自动切断系统和放散系统。

⑮燃气发动机应装有消声器。

⑯燃气加压站通常不设置压力控制阀。燃气加压站的出口压力一般通过控制机组转速实现。

⑰燃气加压站也可以通过机组转速控制进、出站压力或排量。在特殊情况下，可通过机组循环阀或站循环阀控制站排量。

⑱燃气加压站每台机组都装有循环阀，也称加载阀，对于离心式或轴流式压缩机称防喘振阀。循环阀用于将出口压力返回到机组入口，主要在压缩机启动和加载时使用，也可以用作离心式压缩机防“喘振”。有些燃气调压站可配有站循环阀。

第二节　第三方破坏对燃气管道的危害

燃气管道的第三方破坏是指由于非燃气企业员工的行为而造成的所有的管道意外危害。近年来，随着我国城市建设的快速发展，燃气管道遭到第三方破坏的安全事故时有发生，对城市公共安全构成严重威胁。燃气管道第三方破坏已经成为管道损坏的主要原因。燃气管道第三方破坏原因复杂，且随机性强，不易预测和控制。同时，燃气企业的员工也不易及时发现，存在不易及时采取控制措施的因素。由第三方破坏造成燃气管道破坏的，往往可能造成着火、爆炸、人身伤害等严重的后果，产生较大的社会影响。

一、第三方破坏事故原因分析

通过对国内各地区燃气企业近年来发生的第三方破坏事故分析得知，大多数燃气第三方破坏事故是由人的不安全行为，燃气设施的不安全状态、不安全环境，管理缺陷以及它们之间的共同作用引起的。

（一）人的不安全行为

①人员缺乏安全意识、安全知识；社会公众和施工企业对燃气知识没有充分了解，导致安全意识淡薄。

②车辆驾驶员驾驶时精力不集中，小区内业主或施工车辆操作不当、酒后驾车对地上管线的碰撞、碾压等破坏。

③施工机械驾驶员在对施工现场已有管道缺乏详细调查的情况下野蛮施工。

④施工单位在未告知燃气企业的情况下，为追求工期和进度强行施工，因对地下管线位置不明而造成破坏；或即使对地下管线情况了解，明知有燃气管线，对破坏后果不了解或不重视而强行施工造成破坏。

⑤个别不法人员把正在使用的燃气管道误判为废弃的管道，私自盗取。

⑥违规施工。施工单位拒不办理相关的手续，在不清楚燃气管道位置时，擅自在燃气管道附近进行开挖沟渠、挖坑取土，或擅自使用重型机械在管道上碾压，造成管道破裂，引起燃气外泄。

（二）燃气设施的不安全状态、不安全环境

①地上燃气管道位于道路边，缺少防护装置。

②由于道路改造，原来处于路边的凝水缸、阀门井等现在处于路中间。

③燃气管线的警示标志不健全。

④燃气管道处在市政修路，城区拆迁、建设区域内。

（三）管理缺陷

①目前，对燃气管道设施的保护从法律法规层面上有一些原则性的规定，多数省市都已制订了燃气行业管理的专门条例，但这些规定往往过于笼统，缺乏具体的实施细则，执行的时候程序不明确，相关责任单位的职责也不明确。

②部分施工（如钻探、零星维修作业等）未纳入施工许可范畴。施工时建设单位无须办理施工许可，往往不主动查清施工范围内地下设施特别是燃气管

道设施的状况，盲目施工。

③建设单位（或施工单位）在办理施工许可时，未被强制规定到燃气企业办理相关燃气管道设施确认手续。城市档案部门提供的图纸可能与现场实际情况并不一致，在未查清施工范围内地下燃气管道设施状况的情况下施工。

④施工单位未报告开挖施工、无证施工、工程项目中途转包、盲目追赶工程进度，对施工现场管理不严，夜间施工也很难预防和监督。

⑤施工前，建设单位、施工单位没有向项目经理、现场技术负责人、施工员、班组长或操作工作安全技术人员交底，没有告知施工区域地下管网状况或信息不准确。

⑥燃气企业巡线员、施工现场管理人员监护措施落实不到位，同时，燃气企业缺乏有效的考核手段，管线巡线人员存在"偷工减料"情况，责任心不强。

⑦施工单位已经通知、联系燃气企业，但燃气企业未能提供准确定位的竣工图纸，燃气管网（特别是老旧管网）竣工图与实际管网状况不符，从而导致施工单位操作无借鉴资料而误操作造成破坏。

⑧燃气管道及设施保护方案不合理，方案执行不到位，如未设定燃气管道保护控制线，开挖方式、悬空管保护方式不合理，在管道设施上方随意堆放物料，重车碾压管线，未及时通知燃气企业监护人员到场指导与监管等。

二、遏制第三方破坏发生的主要措施

第三方破坏燃气管道设施事故的成因相对复杂，针对其背后深层次的管理方面的问题，从事故预防、事故发生到应急处理全过程各个关键环节进行控制，才能遏制第三方破坏燃气管道设施事故的发生，并最大限度减轻事故危害程度。通过借鉴、吸取国内外燃气管道设施保护的经验，结合燃气行业自身特点，我们提出了以下较为有效的保护办法和措施。

①提高城镇市政规划质量与效率。市政管道应统一规划、同步铺设，减少在管道附近挖掘施工的次数。

②制定、完善相关的法律法规、管理制度，更加有针对性地确保施工单位施工前与燃气企业协调，通过人工开挖探管，明确管道位置，降低因管道位置不确定所造成的施工破坏管道的概率。

③燃气企业应主动与城镇建设主管部门等有关单位、部门进行工作联系，了解市政建设的有关情况，及时沟通，参与有关市政工程的前期协调会议，掌握市政施工动态。发现在燃气管线附近有开挖沟槽、机械停放、搭建隔离带、工棚等施工迹象，立即与施工方联系，告之施工现场地下管线的详细情况，并与施工方签订《燃气管道保护协议书》。由施工方制订管线保护措施，填写施工联络单，对各施工单位做好施工现场安全措施交底工作，建立信息沟通平台，确保信息畅通。安排专门人员，加大巡线频次，变日常的巡线为有计划、有重点的监护。

④加强燃气管道安全保护宣传教育，增强施工单位、管道沿线村民、城市市民的保护意识。发动广大市民，提供燃气管道施工或被挖断信息的，给予一定的奖励。宣传可采取发放安全宣传单、沿管线走访等方式。

⑤加大燃气管道安全保护的事故责任追究力度，对施工单位加大处罚力度，并进行媒体曝光。

⑥针对第三方施工作业对燃气管道设施的危害特点，燃气企业要建立对第三方施工工地的巡查监护和管道设施保护协调程序，对第三方施工时燃气管道设施保护监管过程实施程序化、标准化的控制管理。通过对第三方施工作业监管过程的规范化控制，明确相关岗位职责，设置管道设施保护关键控制点。具体包括第三方施工信息源的获取、安全协调工作的开展、安全保护工作实施、安全保护措施的落实、安全协调保护过程的监控等一系列工作。燃气企业负责巡查发现施工信息、受理施工信息、发放告知函、施工现场勘察、办理燃气管道设施确认、签订保护协议、编制应急预案、保护方案内部评审、保护方案备案、施工现场巡查监护、安全保护检测等工作。施工结束后，建立《施工工地安全保护协调档案》。

⑦对相关的燃气设施（主要指地上燃气设施、露天燃气设施）安设防撞装置。

⑧根据燃气管道敷设、运行实际情况，增设标志砖、标志桩、标志贴等警示标志。燃气管道施工严格按照燃气工程施工规范要求铺设示踪带：对埋设在车道下的管道，标志形式可用嵌入路面式、路面粘贴式或路面机械固定式；对埋设于人行道下的管道，标志应使用与人行道砖块大小相同的混凝土方砖嵌入式标志，也可使用高分子材料标志进行路面粘贴式标志；对绿化带、荒地和耕地的管道，宜使用标志桩进行标志；对于拆迁区域、道路区域的施工，管道位置的标志，可于人工探测出具体管位后，在管位正上方用指示旗、警示带、载桩、喷漆、画线、插木牌等形式予以标志。

⑨加强燃气施工管理，确保燃气竣工图准确无误。图档资料实时更新完善。

⑩形成联动工作机制。同自来水、热力、光缆等市政管线巡线人员建立联动，互相通报、告知管线附近有无施工情况。

⑪建立应急预案。施工过程中发生意外情况，应事先制订好应急措施，配备好抢修器材，一旦第三方事故发生，燃气企业应急人员可以迅速到达现场，防止事故进一步扩大，同时，有效地与现场施工单位联络人联系，以得到施工单位的配合。为提高事故抢修应急的反应能力，需定期和不定期地进行实际演练。

总之，应通过政府部门、市政部门、建设单位、施工单位、燃气企业等单位的共同努力，实施好事前的沟通和协调、事中的监督和监控、事后的应急处理和责任追究措施，做好多方面的安全宣传和预案的演练，从而有效地减少第三方破坏事故，进一步确保燃气管网的安全运行。

第三节　居民用户安全用气常识

城镇居民用户缺乏安全使用燃气的意识及常识，使用燃气器具不当，也是造成燃气事故的主要原因。城镇燃气主管部门以及燃气企业，应当加强燃气安全知识的宣传和普及，提高居民用户安全意识，积极防范各种燃气事故的发生。

一、安全使用燃气的注意事项

管道燃气用户需要扩大用气范围、改变燃气用途或者安装、改装、拆除固定的燃气设施和燃气器具的，应当与燃气经营企业协商，并由燃气经营企业指派专业技术人员进行相关操作。

燃气用户应当安全用气，不得有下列行为：盗用燃气、损坏燃气设施；用燃气管道作为负重支架或者接引电器地线；擅自拆卸、安装、改装燃气计量装置和其他燃气设施；进行危害室内燃气设施安全的装饰、装修活动；使用存在事故隐患或者明令淘汰的燃气器具；在不具备安全使用条件的场所使用瓶装燃气；使用未经检验、检验不合格或者报废的燃气钢瓶；加热、撞击燃气钢瓶或者倒卧使用燃气钢瓶；倾倒燃气钢瓶残液；擅自改换燃气钢瓶检验标志和漆色；无故阻挠燃气经营企业的人员对燃气设施的检验、抢修和维护更新；法律法规禁止的其他行为。

①厨房内不能堆放易燃、易爆物品。

②使用燃气时，一定要有人照看，人走关火。因为一旦人离开，就有火焰被风吹灭，或者煮锅烧干、汤溢出致使火焰熄灭的可能，燃气继续排出，容易造成人员中毒或引起火灾、爆炸事故。

③装有燃气管道及设备的房间不能睡人，以防漏气造成人员中毒或引起火灾、爆炸事故。

④教育儿童不要玩耍燃气灶的开关，防止发生危险。

⑤检查燃具连接处是否漏气可用携带式可燃气检测或采用肥皂水的方法，如发现有漏气显示报警或冒泡的部位应及时紧固、维修。严禁用明火试漏。

二、安全措施

（一）发生燃气泄漏时的安全措施

①首先关闭厨房内的燃气进气阀门。

②立即打开门窗，进行通风。

③不能开关电灯、排风扇及其他电器设备，以防电火花引起爆炸。

④严禁把各种火种带入室内。

⑤进入气味大的房间不能穿带有钉子的鞋。

⑥通知燃气企业来人检查，但严禁在该区域中使用手机，以免有电火花产生，引起爆燃。

（二）发生由燃气引发的火灾的安全措施

一旦发生由燃气引发的火灾，要沉着冷静，立即采取有效措施。

①迅速切断燃气源。如果是液化石油气罐引起火灾，应立即关闭角阀，将罐体移至室外（远离火区）的安全地带，以防爆炸。

②起火处可用湿毛巾或湿棉被盖住，将火熄灭。无法接近火源时，可采取用沙土覆盖、利用灭火器控制火势、利用水降温等措施，以防爆燃。

③如火势很大，个人不能扑灭，要迅速报火警。

a. 火警电话打通后，应讲清着火单位、所在地区、街道的详细地址。

b. 要讲清什么物品着火，火势如何。

c. 要讲清是平房还是楼房。

三、燃气灶的安全使用

（一）厨房安装燃气灶的要求

①厨房的面积不应小于2 m^2，高度不低于2.2 m，这是由于燃气一旦泄漏，尚有一定的缓冲余地。同时，燃气燃烧时会产生一些废气，如果厨房空间小，

废气不易排出，易发生人员中毒事故。

②厨房与卧室要隔离，防止燃气相互串通。

③厨房内不应放置易燃物。

④煤气管道与灶具用软管连接时，软管接头处要用管箍紧固，软管容易老化变质，应及时更换，不能使用过长的胶管连接。

⑤厨房内应保持通风良好。

⑥不带架的燃气灶具，应水平放在不可燃材料制成的灶台上，灶台不能太高，一般以 600 ~ 700 mm 为宜。同时，灶具应放在避风的地方，以免风吹火焰降低燃气灶的热效率，甚至把火焰吹熄引起事故。

⑦燃气灶从售出当日起，判废年限为 8 年。

（二）燃气灶正确操作要点

①非自动打火灶具应先点火再打开燃气阀门，即“火等气”。如果先打开燃气阀门再进行点火，燃气向周围扩散，遇火易发生危险。

②要调节好风门。根据火焰状况调节风门大小，防止脱火、回火或黄焰。

③要调节好火焰大小。在做饭的过程中，炒菜时用大火，焖饭时用小火。调节旋塞时宜缓慢转动，切忌猛开猛关，以火焰不出锅底为度。

（三）燃气灶连接软管使用的注意事项

①要使用经燃气企业技术认定的耐油胶管。

②要将胶管固定，以免晃动影响使用。

③要经常检查胶管的接头处有无松动。

④要经常检查胶管有没有老化或裂纹等情况，如发现上述情况应及时更换。

⑤灶前软管使用已超过两年建议更新。

⑥不能擅自在燃气管道上连接长的胶管，更不能连接燃具移入室内。

（四）燃气灶小故障的排除

家用燃气灶常见故障有漏气、回火、离焰、脱火、黄焰、连焰、点火率不

高、阀门旋转不灵活等。一般情况下可自行排除故障，原因不明时，应及时向燃气企业报修。燃气灶出现的一般故障及排除方法包括以下几种。

1. 排除漏气故障

漏气的原因较多，如输气管接头松动，阀芯与阀体之间的配合不好，采用的橡胶管年久老化，产生龟裂等。针对上述情况分别采取以下措施：管路接头不严或松动时，应拆开接头，重新缠绕聚四氟乙烯条，并紧固严密；阀门漏气应更换阀门，或拆开阀门，擦净旋塞，重新加上密封脂；橡胶管老化，应更换新管，并用管箍紧固。

2. 燃烧器回火故障的排除

燃烧器回火的原因有燃烧器火盖与燃烧器的头部配合不好；风门开度过大；放置的加热容器过低；室内风速过大等。属于第一种原因时，应调整、互换或向厂家更换火盖；属于第二种原因时，应将风门关小些；属于第三种原因时，应调整炊具容器底部与火焰的距离；属于第四种原因时，应关上室内的门窗。

3. 离焰或脱火故障的排除

燃烧器离焰或脱火的原因有风门开度过大；部分火孔堵塞；环境风速过大；供气压力过高等。因风门开度过大时，应关小风门开度；因部分火孔堵塞时，应疏通火孔；因管网供气压力过高时，应将燃气节门关小。

4. 黄焰故障的排除

燃气在燃烧过程中产生黄焰的原因及排除方法：风门的开度太小或二次空气不足，此时应将风门开度调大或清除燃烧器周围的杂物；喷嘴与燃烧器的引射器不对中，此时应调整燃烧器，使引射器的轴线与喷嘴的轴线对中；喷嘴的孔径过大，此时应将喷嘴孔径铆小或更换喷嘴；有时因在室内油炸食品或清扫地面而产生黄焰，应打开门窗或排气扇，或停止清扫工作，黄焰即可消失；加热容器过低时，也会产生黄焰，这时应调整架锅的高度。

5. 火焰连焰故障的排除

燃气燃烧时连焰的原因有燃烧器的加工质量差或火盖变形。出现这种现象时，应转动火盖，调到一个适当的位置，若确实不能调整，应要求销售厂家更换新火盖。

6. 阀门故障的排除

阀门旋转不灵活的原因有长期使用导致密封脂干燥；阀芯的锁母过紧；旋塞与阀体粘在一起。此时应拆开阀门检查，针对不同原因进行修理。

7. 新灶具火力不足的解决方法

新灶具或刚刚修理的燃气灶火力不足的原因有旋塞加密封脂过多，密封脂堵塞了旋塞孔。排除这种现象的方法是拆开阀门，清理掉旋塞孔内的密封脂，也可以关上燃气总节门，将灶具的燃气入口管拆下，打开灶具节门，把打气筒的胶管接在灶具的燃气入口处，通过打气冲走旋塞孔中的密封脂。

8. 点火故障的排除

自动点火结构打不着火的原因较多，而且调整或修理需要有一定技术，所以应请燃气企业专业人员检修。

四、燃气热水器的安全使用

①燃气热水器应装在厨房，用户不得自行拆、改、迁、装。

②安装热水器的房间应具备与室外通风的条件。

③使用热水器必须使烟气排向室外，厨房需开窗或启用排风换气装置，以保证室内空气新鲜。

④热水器附近不准放置易燃、易爆物品，不能将任何物品放在热水器的排烟口处和进风口处。

⑤在使用热水器过程中，如果出现热水阀关闭而主燃烧器不能熄灭的现象，应立即关闭燃气阀，并通知燃气管理部门或厂家的维修中心检修，切不可继续使用。

⑥在淋浴时，不要同时使用热水洗衣或进行其他活动，以免影响水温和使水量发生变化。

⑦身体虚弱的人员洗澡时，家中应有人照顾，连续使用时间不应过长。

⑧发现热水器有燃气泄漏现象，应立即关闭燃气阀门、打开外窗，禁止在现场点火或吸烟。随后应报告燃气企业或厂家的维修中心检修热水器，严禁自己拆卸或“带病”使用。

⑨燃气热水器使用年限从售出当日起计算，人工燃气热水器判废年限为6年，液化气和天然气热水器判废年限为8年。

五、燃气壁挂炉的安全使用

（一）关于水压

用户在使用前，首先应检查锅炉的水压表指针是否在规定范围内。说明书中规定的标准水压为0.1～0.12 MPa，但在实际使用过程中，由于暖气系统和锅炉内都存在空气，当锅炉运行时，系统中的空气不断从锅炉内的排气阀排出，锅炉的压力就会无规律地下降。在冬季取暖时，暖气系统中的水受热膨胀，系统水压力会上升，待水冷却后压力又下降，这属于正常现象。实验表明，壁挂炉内的水压只要保持为0.03～0.12 MPa就不会影响壁挂炉的正常使用。如水压低于0.02 MPa，可能会造成生活热水忽冷忽热或无法正常启动；采暖时如水压高于0.15 MPa，系统压力会升高；如果超过0.3 MPa，锅炉的安全阀就会自动泄水，可能会造成不必要的损失。正常情况下一个月左右补一次水即可。

系统补水后一定要关闭锅炉的补水开关，长期出差的业主应将供水总阀关闭。建议在锅炉的安全阀上加装一根排水管，以避免锅炉水压过高时造成不必要的损失。

（二）关于锅炉亮红灯

锅炉在启动时，如果检测不到火焰，就会自动进入保护状态，锅炉的红色故障指示灯就会点亮报警。造成这种现象的原因是与之相连的燃气曾经出现过中断。此时应检查燃气系统，查找可能存在的故障：

①燃气是否畅通，有无停气。

②气表电池没有电。

③气表中的余额不足。

④燃气阀门未开。

⑤燃气表故障等（以上几种现象可以通过做饭的燃气灶来验证，找到原因并解决）。

⑥检查供水供电系统并排除故障，此时如想启动锅炉，必须将锅炉进行手动复位至红色指示灯熄灭后方可。

注意：燃气属特种行业，如需拆改管道或解决燃气系统问题请找专业人员上门服务。

（三）燃气壁挂炉安全使用注意事项

①必须保证锅炉烟管的吸、排气通畅。壁挂炉烟管的构造为直径 60 mm/100 mm 的双芯管，锅炉工作时由外管吸入新鲜空气，内管排出燃烧废气。锅炉燃烧时需要吸入的空气量大约为 40 m^3/h，所以产生的废气量也较多。因此用户在装修封闭阳台或移机时，必须将烟管的吸、排口伸出窗外，不得将其封在室内或是使用单芯管，否则锅炉在燃烧时容易将排出的废气吸回，造成燃烧时供氧不足，极易导致锅炉发生爆燃、点不着火、频繁启动等危险情况。

②壁挂炉在工作时，底部的暖气、热水出水管、烟管温度较高，严禁触摸，以免烫伤。

③冬季防冻。锅炉可以长期通电，特别是冬季，如果锅炉或暖气内已经充水，必须对锅炉采取防冻措施、准备充足的电和燃气，以避免暖气片及锅炉的水泵、换热器等部件被冻坏。各种品牌的供暖用壁挂炉都设有防冻功能，具体操作方法请参照说明书。

注意：在设置防冻功能后，必须要保证家中的水、电、气充足和畅通。设

置防冻后也要定期检查锅炉的水压以及工作情况，确保万无一失。

（四）节水方法

热水水龙头不宜一下开到最大。打开热水水龙头直至有热水流出时，锅炉有大约 6 s 的延时过程，这时锅炉和水龙头间的管线内都为冷水，所以这段时间内即使将水龙头开至最大，流出的也是凉水，如果开到最大会有大量的冷水浪费。所以，在使用热水时应该先开小水流，等待锅炉启动至点火延时后再根据需要调整水流大小，这样不但可以省水，而且水的升温时间短，特别是浴室距离锅炉较远的大户型尤为明显。

将热水流出前流出的冷水用容器储存。如小水流不启动，可能是锅炉内管路有脏污或热水启动感应部分不灵敏，可找专业的维修人员上门解决。在洗澡的过程中尽量减少水龙头的开关次数。因为每开关一次热水水龙头，锅炉就要启动一次，导致水资源浪费，且锅炉在烧热水时，没有达到设定温度前都是以大火燃烧，这样也增加了燃气的使用量。

（五）节气方法

关闭或调低无人居住房间的暖气片阀门。如用户的住房面积较大、房间较多且人口又较少，不住人或者使用频率低的房间的暖气片阀门可以调小或关闭，这样相当于减少了供热面积，不仅节能，还会使正常使用的空间供暖温度上升速度加快，减少燃气消耗。

白天上班家中无人时不宜关闭壁挂炉，将温度档位调至最低即可。很多上班族习惯在家中无人时，将锅炉关闭，下班后再将锅炉调至高档进行急速加热，这种做法非常不科学。因为当室温与锅炉设定温度温差较大时，锅炉需要时间进行大火运行，这样不但不节能，反而会更加浪费燃气，而且关闭期间存在锅炉或暖气片被冻坏的危险。因此，在上班出门前，只需将锅炉的暖气温度调节旋钮调至“0”档（此时锅炉处于防冻状态，暖气片内的水温保持 35℃ ~ 40℃，房间内的整体空间温度为 8℃ ~ 14℃），等下班后，再将锅炉的暖器档位调至所需要的温度即可。如果用户长期出差或尚未居住则将锅炉与暖气片内的水放掉。建议由专业人员将锅炉和暖气片中的水排放干净。

（六）燃气壁挂炉的保养

1. 壁挂炉的结垢原理及危害

壁挂炉的核心问题是热交换的效率和使用寿命，而影响这两个方面的最大因素就是水垢，尤其是在我们使用生活热水时，由于需要不断地充入新水，有些地区水质较硬，这就使换热器的结垢率大大增加。而随着附着在换热器内壁上的水垢不断加厚，换热器管径会越来越细，导致水流不畅，不仅增加了水泵及换热器的负担，且壁挂炉的换热效率也会大大降低，主要表现为壁挂炉耗气量增大、供热不足、使用热水时冷时热、热水量减小等。若壁挂炉的换热部件一直保持在这样一种高负荷的状态下运行，对壁挂炉的损害是非常大的。

2. 暖气片内杂质及水垢对锅炉的影响

壁挂炉担负着暖气系统内水的循环职责，由于水内含有杂质并且具有酸性，对暖气片及管道内部会有一定的腐蚀，且目前所用暖气片大都为铸铁材质，暖气片内的残留物和其他杂质在工程安装时难以完全冲洗干净，加上暖气系统内的水始终是封闭循环的，锅炉的暖气部分又没有过滤网，这样暖气片及管道内部的锈蚀残渣及水自身的杂质就会通过壁挂炉的循环水泵再度进入换热器内。这些杂质在高温条件下不断分解，就会又有一部分变成水垢附着在换热器的内壁上，使其管径变得更细，从而使循环水泵的压力进一步加大，长期这样运行，就会造成壁挂炉的循环水泵转速降低甚至卡死，严重影响其使用寿命。

3. 暖气片内的水不宜经常更换

对于暖气系统，由于初次使用时暖气片内含有大量的杂质，建议使用一年后将其中的脏水放掉，重新注入新水，间隔几年后再进行更换。因为每更换一次水都会有大量的水碱被带入，而固定量的水中含碱量是一定的，因此暖气系统内的水不宜频繁更换。经过一个取暖季后，只需对壁挂炉单独进行清洗保养即可。

六、燃气烤箱灶的安全使用

①要熟悉使用方法和注意事项。初次使用烤箱灶，用户应认真阅读产品使用说明书，掌握烤箱灶的使用方法和注意事项等。

②首次使用时要检查重要部件的状况。检查燃气灶的部件是否齐全，零配件的安放位置是否适宜，如果部件位置不合适，应及时更正，否则会影响使用效果。

③烤箱排烟口附近不要放置物品。禁止在烤箱灶的排烟口及灶面上堆放易燃物品，以免堵塞排烟口或引燃堆放物品而引起火灾。

④要确认烤箱的燃烧或熄火状态。点燃烤箱燃烧器后，应确认是否已经点着；关闭燃烧器时，应确认是否熄灭。在烘烤食品过程中，操作人员不可远离厨房或外出。

⑤定期检修燃气管路接头和阀门。燃气烤箱在工作过程中周围的温度较高，管路接头的密封填料或阀门的密封脂容易损坏或干燥，从而引起漏气。因此，需要定期检查或更换管接头的密封填料，重新添加阀门密封脂。

⑥要注意室内通风换气。使用烤箱烘烤食品时，应打开厨房的换气扇或排油烟机，未设排风扇或排油烟机时，应打开外窗，以保持室内有良好的空气环境以及燃烧器的正常工作状态。

七、燃气采暖器的安全使用

（一）安装燃气采暖装置的注意事项

①安装采暖装置的房间一定要有良好的通风换气条件。燃气在燃烧过程中除消耗大量室内的氧气外，还释放大量的烟气（有给排气功能的采暖器除外），而且随着采暖时间的延续，释放的烟气量持续上升，从而使室内空气中的氧含量大大降低。如果没有良好的通风换气条件，室内的烟气得不到及时排放，新

鲜空气得不到及时补充，将严重危及室内人员的健康和生命安全，而且燃烧状况会因室内缺氧而逐渐恶化，这也是十分危险的。因此，安装直排式采暖器的房间必须设置进气口和排气口（或安装换气扇）。安装无给、排气功能的采暖装置的房间应有足够面积的进气口（一般进、排气口面积不小于0.04 m^2）。

②采暖器的周围严禁放置易燃、易爆物品。采暖装置不得靠近木壁板，不得直接放在木地板的上面。

③严禁把燃气管道和采暖器设在居室内，以免因漏气造成中毒、火灾或爆炸事故。

④安装热水采暖器时，水路和气路均应进行密封性能试验，待试验合格后方可使用。

⑤安装采暖器的房间应设置燃气泄漏和一氧化碳报警器。

（二）使用燃气采暖器的注意事项

①每次点火之前应检查采暖器是否漏气，设置采暖器的房间的进、排气口是否敞开。

②禁止不熟悉操作方法的人、神志不太清楚的老年人、儿童等人员操作燃气采暖器，酗酒者也不许进行操作。

③无论采暖器工作与否，均不得在采暖器上放置物品。

④使用直排式采暖器时，室内要有良好的给排气条件，连续采暖时间以1h以内为宜。

⑤采用自动化程度低的采暖器时，采暖过程中，房间内应有人管理。当外出时应关掉采暖器。

⑥采暖期过后，应将采暖器的燃气和冷热水阀门关闭，应对某些部件进行保养，对坏损件进行修理。如果使用的是红外线采暖器或热风采暖器，应擦拭干净，用纸包好或装入纸袋，存放在干燥通风之处；如果使用的是热水采暖器，应放掉水，擦净盖好。来年再使用时，要对水路、气路重新进行严密性试验后方可使用。

八、液化石油气钢瓶的安全使用

液化石油气钢瓶属于压力容器，为了安全，其产品必须是国家相关部门指定厂家生产的合格产品，非国家相关部门指定厂家生产的钢瓶严禁使用。钢瓶必须按国家规定的时间进行定期检验，过期不检者严禁使用。钢瓶内充装液化气不能超装。如果过量超装，温度升高时，钢瓶就有爆破的危险。

盛装液化石油气的钢瓶要轻拿轻放，禁止摔碰。液化石油气钢瓶属于薄壁压力容器，要避免在钢瓶使用中产生不必要的缺陷，影响强度，造成事故。液化石油气的体积会随温度的升高而膨胀，它的膨胀系数比水要大 10 ~ 16 倍。因此，严禁暴晒和靠近火源、热源，也不要在液化石油气快用完时用开水烫或用其他方法加热，以免发生意外事故。

液化石油气钢瓶不能倒立或卧放使用。钢瓶输出液化石油气靠自然蒸发，瓶内下部是液相，上部是气相，气体从角阀出口流出，经过减压阀把压力降低到使用压力，供燃烧使用。如果钢瓶倒立和卧放使用，易使液体从角阀流出，减压阀也就失去了减压的作用，容易造成高压送气，同时也容易使液体外漏。外漏的液化石油气在气化之后，体积迅速扩大至 200 倍以上，遇明火很容易造成爆炸、火灾事故。

一般要求钢瓶和灶具的外侧距离应保持为 1 ~ 2 m，小于 1 m 或大于 2 m，均属于不安全距离。

钢瓶内的液化石油气残液的处理。液化石油气主要成分是烷烃和烯烃。点燃时，沸点低的丙烷、丙烯先蒸发燃烧，而后丁烷、丁烯蒸发燃烧，沸点高的戊烷和戊烯不易挥发，留在瓶内，即所谓的残液。用户不得私自处置残液，应集中由液化气站或其他充装单位统一进行倒残处置。有的用户为了节约，将钢瓶加热或私自倒出残液进行处理，结果造成重大事故。

（一）冬季使用液化石油气的注意事项

冬季与夏季使用液化石油气不同。冬季气温低，液化石油气挥发性差，若使用不当易引起火灾。所以，应注意以下几点：

①不要将液化石油气罐放在火炉旁、暖气上烘烤。由于液化气受热后体积膨胀，往往会引起爆炸或火灾事故。

②不要将液化石油气罐放在盛有热水的容器内或用开水淋烫，以免其受热引起爆炸。

③不要将液化石油气罐放置在寒冷的低温场所。因为钢瓶在低温时脆性增加，抗压强度下降，容易破裂。特别是有薄层、锈蚀等缺陷的钢瓶，低温条件下受到摩擦撞击，就有可能发生爆炸。

④不要私自倾倒液化石油气的残液，以免遇到明火引起爆炸。

（二）液化石油气钢瓶上的减压阀使用时的注意事项

①减压阀和角阀是以反扣连接的。装减压阀先要对正，然后按逆时针方向旋转手轮，拧紧不漏气即可。

②装减压阀时不可用力过猛，这样很容易将密封圈拧坏，造成漏气。

③更换钢瓶卸下减压阀时，要特别注意密封圈是否粘在角阀内。如果不慎将密封圈随钢瓶带走，换回新钢瓶后，还是照常装减压阀，势必造成漏气。一旦出现这种情况要及时关闭角阀，再购置或换取密封圈。不能随意用垫料代替密封圈。

④严禁乱拧、乱动或拆卸减压阀，一旦发现损坏，要及时修理或更换。

⑤减压阀要保持清洁，呼吸孔不要堵塞。

⑥检查新换的减压阀好坏的方法：卸下减压阀后，从进气口用嘴吹，如果通气，表明减压阀未堵塞，再从出气口用嘴吹，慢慢吹有些通气，但用力吹却不通，表明减压阀正常好用。如果用力吹，发现阀门处于通气状态，表明里边的胶皮膜片已经损坏，此时必须更换新膜，切不可勉强使用，应立即送检修站维修，否则会引起高压送气，造成意外事故。

第七章 燃气突发事故的应急管理

我国目前正处于经济高速发展阶段，企业可能会片面追求利润的增长，而忽视了安全生产的重要性，加上我国目前相关法律法规的不健全和执法力度的不到位，导致安全事故多有发生。一些重大安全事故的发生曾导致大范围人群的日常生活、经济活动受到消极影响，人们的生命和财产安全受到损害。燃气企业同样也面临这一问题，作为现代化城市生命线之一的燃气供应与城镇居民的生活息息相关，一旦发生重大安全事故，可能会直接形成社会不稳定因素。所以，既然燃气安全事故存在发生的可能性，且不可绝对避免，那么当事故发生后如何应急处置就成为当前迫切需要解决的问题。

第一节　燃气事故的危害与特点

一、室内燃气事故的类型与危害

室内燃气事故可分为 3 类：爆炸、燃烧、中毒。

①爆炸。泄漏的燃气在密闭的空间内达到爆炸极限范围，遇火源便会发生爆炸。

②燃烧。燃气在泄漏后，会形成一个局部着火爆炸区，即使整个空间没有达到爆炸极限，局部着火爆炸区如果遇到火源，也会造成爆燃着火，并可能点燃附近的可燃物。

③中毒。燃气中毒即燃气燃烧不充分时生成的 CO 被人员吸入后与血红蛋白结合形成稳定的碳氧血红蛋白，使血红蛋白丧失携氧能力，从而引起人体重要器官与组织缺氧，出现中枢神经系统、循环系统等中毒症状，严重时可致人死亡。

二、燃气事故的危害

（一）爆炸

发生燃气爆炸时可能导致人员伤亡、室内物品损坏，如果爆炸力较大还会造成建筑物结构的破坏。密闭容器中的气体爆炸压力可以达到 0.7～0.8 MPa，而普通民宅由于门窗的泄压，其爆炸压力大约只有 5～50 kPa。已经考虑了抗震设计的建筑物通常具有较好的整体性，因此大部分建筑物的破坏程度通常较轻，但楼板、墙体等构件由于受力方向的改变，一般 30～50 kPa 的爆炸压力就可以使其遭到严重破坏。通常情况下，建筑物的损伤程度可以分为以下 3 种：

①装饰、附属构件破坏。几乎在所有的燃气爆炸事故中，门窗、玻璃等附

属构件均遭到严重破坏。

②楼板、墙体等结构局部破坏。这主要是由于燃气爆炸属于建筑物内部爆炸，造成墙体受到平面外冲击力的作用、楼板反向受力。

③整体破坏。当建筑物的结构节点构造措施不利时，由局部破坏引起水平或竖向的连续倒塌。该种破坏形式仅限于一些老建筑物或者违章建造的楼房。严格按照抗震设计规范设计的建筑物在燃气爆炸下一般不会发生整体倒塌。

（二）燃烧

一旦燃烧引发火灾，则对人们的人身安全产生很大的威胁，也会给财产造成巨大的损失。

（三）中毒

燃气不完全燃烧所产生的一氧化碳对人体的危害程度，主要取决于空气中的一氧化碳的体积分数和人体吸收含一氧化碳空气的时间。一氧化碳中毒者血液中的碳氧血红蛋白的含量与空气中一氧化碳的体积分数成正比关系，中毒的严重程度则与血液中的碳氧血红蛋白含量有直接关系。

第二节　燃气事故产生的原因

一、燃气用具的质量问题及操作不当

随着我国城镇燃气的使用和普及，燃气事故时有发生，对社会安全造成很大的危害。如何减少燃气事故带来的人身损害和财产损失是人们持续关注的焦点。统计表明，燃气事故数量与燃气用户和燃气消耗成正比。为了维护燃气使用者和广大人民的生命财产安全，有必要对燃气事故的成因、规律及危害进行分析以采取相应的防范措施。

我们常用的灶具有台式灶具和嵌入式灶具。如果我们不正确使用燃气灶也

会发生事故，燃气灶不能“超期服役”，要选有熄火保护装置的灶具。超期使用的灶具燃烧不完全，排出的废气对人体有害，灶具长期使用，开关磨损渗漏的现象可能出现，尤其是经过改造的老灶具，如使用不当易发生安全事故。

灶头上有个类似针头的物体，这就是自动熄火保护装置。无熄火保护装置的灶具在使用过程中如遇风吹或汤水溢出扑灭火焰时，易发生燃气泄漏。家用燃气设备国家标准规定，2009 年 1 月 1 日起，无熄火保护装置的燃气灶具不得销售，如遇风吹或汤水溢出扑灭火焰时，熄火保护装置在 60 秒内必须切断气源。

有个别嵌入式燃气灶具产品质量不过关，一些看上去非常美观的玻璃炉面耐热性差，长时间使用致使温度过高时常有炉面炸裂的事故发生。因此，选购嵌入式燃气灶具时，一定要选择炉面质量过硬、耐热性能好的产品，为保险起见，最好选用不锈钢炉面。

二、户外、入户燃气管线的损坏老化

（一）户外燃气管网

采用管道方式供气的主要气源是天然气、煤气。由于管道属于隐蔽工程，随着时间的推移、地面的下陷、管道的老化及其他不可预见等原因都可造成空气进入管内，载体介质本身易燃易爆，并处于一定的压力状态，因此具有较大的火灾危险性。我国每年发生的燃气管道爆炸事故较为频繁。分析其原因主要有以下 6 个方面。

①部分燃气企业为了节约成本，会选择一些小施工队，这些施工队往往挂靠到某些有施工资质的单位，施工队人员素质、机械设备配备、施工管理水平都存在问题，而且这些施工人员没有经过正规的培训，容易造成事故隐患。再加上有些燃气企业为了节约工程成本，在材料选购方面只注重价格，忽视了管材的实际质量，又遗留了一个安全隐患。

②由于燃气行业是近年新兴的行业，在地方县城中老百姓对燃气的了解不

够多，地方政府对燃气行业也不够重视，给城镇燃气管道的正规铺设造成一些困难，而且相关市政建设的规划设计不合理，在施工往往会对城区已铺设好的燃气管道造成破坏，这就大大增加了燃气安全事故的发生率。

③管道设备老化、腐蚀严重。部分管道使用几十年从未进行检测维修，其安全可靠性无法保障。一些城市的燃气管网随着城市建设的发展，局部管道位置发生了变化，加上道路拓宽等原因使燃气管道位于车道下面，极易造成管道受压损坏，发生燃气泄漏。另外，由于阀门、法兰连接不严也会导致燃气泄漏。

④载体设备上的泄压装置、防爆片、防爆膜等不起作用，危险区域的电气设备不防爆、不防雷、无防静电装置或不起作用。

⑤安全责任和管理措施不落实，安全组织和规章制度不落实，违反操作规程等。

⑥第三方施工导致燃气管道破坏。

（二）入户管线

1. 未使用紧压式管卡固定

2006 年 11 月 17 日凌晨，某市居民住宅发生燃气爆炸事故，第二、三层楼板坍塌，一层至三层 3 户居民中 9 人死亡，1 人严重烧伤。事故现场，热水器前和燃气灶前的进气阀均呈完全开启状态，根据现场勘察和实物分析，3－2－3 室居民家中灶前阀与塑料软管连接的插入深度为 10 mm，塑料软管也没有采用紧压式管卡固定，在管内压力的持续作用下脱落，造成燃气泄漏，遇电火花而引起爆炸事故。

2. 私自改动燃气设备

居民在装修和房屋出租时，用户私自在燃气管道上接、装燃气设备，或私自移动燃气设备的情况屡见不鲜。由此造成的燃气事故不在少数，严重威胁用户生命安全。我国《城市燃气管理办法》中第二十九条燃气用户应当遵守的规定中明确指出，“禁止自行拆卸、安装、改装、燃气计量器具和燃气设施等”。

3. 燃气器具老化或使用不当

日常使用燃气器具老化也容易引起燃气泄漏：橡皮软管老化、破损或两端接口松动；灶具本身内部开关、接口密封不严；阀门磨损或密封不严。此外，在点燃灶具后，如果没人照管，也可能因为汤水沸溢或风吹等原因使火焰熄灭，造成燃气大量泄漏而发生事故。因此，每次使用后应关上灶阀，平时可用肥皂水检查家中的燃气设施，若有气泡冒出就说明在漏气。燃气软管最好每两年更换一次。同时，因灶具不同，使用人工天然气的住户千万不能再使用瓶装液化气。

4. 擅自关闭住宅楼燃气总阀门

一旦总阀门被随意关掉，那么恢复供气时必须先确认楼内管道压力是否正常，确认供气后不会发生泄漏才可重开阀门。这往往需要挨家挨户走访才能查实。这时，万一不知情的住户再去重开阀门，就会导致燃气泄漏。室外管道阀门等各类设施应该由专业人员操作。另外，室外立管不能吊挂物品，更不能缠绕电线，以免造成危险。

三、瓶装液化石油气的使用不当

我国城乡有较大部分居民和餐饮业使用罐装液化石油气，在灶具、燃气热水器及其他燃气设备不正确使用或在特殊条件下，当液化石油气灶具回火时更容易造成减压阀和气罐的爆炸，给家庭和社会带来危害，情况也十分复杂危险。在生产、运输、储存使用过程中也容易发生火灾、泄漏、爆炸事故。分析其原因，主要有以下 5 个方面：

第一，灌装超量。即超过气瓶体积的 85% 以上。此时瓶体如受外界因素作用，易发生破裂，以致液化石油气迅速泄漏扩散。

第二，瓶体受热膨胀。由于液化石油气对温度作用较为敏感。当温度由 10℃升至 50℃时，蒸气压由 0. 64 MPa 增至 18 MPa，若继续升高，将导致瓶体爆炸。

第三，瓶体受腐蚀或撞击，导致瓶体破损漏气引起火灾爆炸事故。

第四，气瓶角阀及其安全附件密封不严引起漏气。

第五，瓶内进入空气，如使用不留余气，导致空气进入气瓶。在下次充装使用时，可能引起气瓶爆炸。

第三节　应急与应急管理常识

应急一般指针对突发性、具有破坏力的紧急事件采取预防、预备、响应和恢复的活动与计划。那么相对应地，燃气应急一般指针对突然发生的造成或者可能造成人员伤亡、燃气设备损坏、燃气管网大面积停气、环境破坏等危及燃气供应企业、社会公共安全稳定的紧急事件，采取应急处置措施予以处理。

①应急工作的主要目标是：对紧急事件做出预警；控制紧急事件发生与扩大；开展有效救援，减少损失和迅速组织恢复正常状态。

②应急救援的对象是：突发性和后果与影响严重的公共安全事故、灾害与事件。这些事故、灾害或事件主要来源于以下领域：工业事故、自然灾害、城市主要生命线（包括燃气）、重大工程、公共活动场所、公共交通等。各类事故、灾害或事件具有突发性、复杂性、不确定性。

燃气应急救援的对象自然也就是与燃气有关的各类突发事件。

③应急管理：是指对紧急事件的全过程进行管理。尽管紧急事件的发生往往具有突发性和偶然性，但紧急事件的应急管理应贯穿于其发生前、中、后的各个阶段，不只限于其发生后的应急救援行动。

应急管理是为了预防、控制及消除紧急事件，减少其对人员伤害、财产损失和环境破坏的程度而进行的计划、组织、指挥、协调和控制活动。它是一个动态过程，包括预防、准备、响应和恢复四个阶段。

（1）预防

预防就是从应急管理的角度，防止紧急事件发生，避免应急行动。对于任何有效的应急管理而言，预防是其核心，此阶段紧急事件最容易控制，花费最小。在应急管理中，预防包含两层含义：一是紧急事件的预防工作，即通过安全管理和安全技术手段对紧急事件进行危险辨识和风险评价，进行风险控制，尽可能避免紧急事件的发生，以实现本质安全的目的；二是在假定紧急事件必然发生的前提下，通过预先采取的预防措施来降低或减缓紧急事件的影响和后果的严重程度。

（2）准备

准备是应急管理过程中一个极其关键的过程，它是针对可能发生的紧急事件，为迅速有效地开展应急行动而预先所做的各种准备，包括应急机构的设立和职责的落实、预案的编制、应急队伍的建设、应急设备及物资的准备和维护、预案的培训与演练、与外部应急力量的衔接等，其最终目的是保持紧急事件应急救援所需的应急能力，一旦发生紧急事件，使损失最小化，并尽快恢复到常态。

（3）响应

响应又称反应，是在紧急事件发生之前以及紧急事件期间和紧急事件后，对情况进行科学合理分析，立即采取的应急救援行动，防止事态的进一步恶化。响应的目的是通过发挥预警、疏散、搜寻和营救以及提供避难所和医疗服务等紧急事务功能，使人员伤亡及财产损失减少到最小。

（4）恢复

恢复工作应在紧急事件发生后立即进行，应首先对紧急事件造成的影响进行评估，使紧急事件影响地区恢复最起码的服务，然后继续努力，使之恢复到正常状态。要立即开展的恢复工作包括：紧急事件损失评估、清理废墟、食品供应、提供避难所和其他装备；长期恢复工作包括：毁损区域重建、社区的再发展以及实施安全减灾计划。恢复阶段还要对应急救援预案进行评审，改进预案的不足之处。

第四节　燃气事故的应急管理

一、应急救援预案概述

近年来，我国政府颁布了一系列法律法规，如《中华人民共和国安全生产法》(以下简称《安全生产法》)、《中华人民共和国消防法》《中华人民共和国突发事件应对法》《危险化学品安全管理条例》《国务院关于特大安全事故行政责任追究的规定》等，对危险化学品、特大安全事故、重大危险源等应急救援工作做出了相应的规定和提出了相关要求。

《安全生产法》第二十一条规定，生产经营单位的主要负责人负有组织制定并实施本单位的生产安全事故应急救援预案的职责。

《安全生产法》特别强调了应急救援预案。什么是应急救援预案呢？它是指政府或企业为降低突发事件后果的严重程度，以对危险源的评价和事故预测结果为依据而预先制订的突发事件控制和抢险救灾方案，是突发事件应急救援活动的行动指南。

应急救援预案对于突发事件的应急管理具有重要的指导意义，它有利于实现应急行动的快速、有序、高效，以充分体现应急救援的“应急”精神，制订应急救援预案的目的是在发生突发事件时，能以最快的速度发挥最大的效能，有序地实施救援，达到尽快控制事态发展，降低突发事件造成的危害程度，减少事故损失的目的。

应急救援预案的制订是国家安全生产法律法规的要求，是减少事故中人员伤亡和财产损失的需要，是事故预防和救援的需要，是实现本质安全型管理的需要。应急救援预案是应急管理得以实现的必要工具。燃气突发事件与事故的应急管理也必然要通过燃气应急救援预案来实现。

二、燃气应急救援预案的编制

应急救援预案是应急管理的文本体现，如何使纸面上的应急救援预案更加有效，确保应急管理的有效性，预案的内容就必须体现应急管理的核心要素。这些核心要素包括：指挥与控制、沟通、生命安全、财产保护、社区外延、恢复和重建、行政管理与后勤。燃气应急救援预案的编制一般遵循以下原则。

（一）应急预案内容的基本要求

①符合与应急救援相关的法律、法规、规章和技术标准的要求。

②与事故风险分析和应急能力相适应。

③职责分工明确、责任落实到位。

④与相关企业和政府部门的应急预案有机衔接。

（二）应急预案的主要内容

1. 总则

①编制目的：明确应急预案编制的目的和作用。

②编制依据：明确应急预案编制的主要依据。应主要包括国家相关法律法规，国务院有关部委制定的管理规定和指导意见，行业管理标准和规章，地方政府有关部门或上级单位制定的规定、标准、规程和应急预案等。

③适用范围：明确应急预案的适用对象和适用条件。

④工作原则：明确燃气突发事件应急处置工作的指导原则和总体思路，内容应简明扼要、明确具体。

⑤预案体系：明确应急预案体系构成情况。一般应由应急预案、专项应急预案和现场处置方案构成。应在附件中列出应急预案体系框架图和各级各类应急预案名称目录。

2. 风险分析

①本地区或本燃气企业概况：明确本地区或本燃气企业与应急处置工作相

关的基本情况。一般应包括燃气企业基本情况、从业人数、隶属关系、生产规模、主设备型号等。

②危险源与风险分析：针对本地区或燃气企业的实际情况对存在或潜在的危险源及风险进行辨识和评价，包括对地理位置，气象及地质条件，设备状况，生产特点以及可能突发的事件种类、后果等内容进行分析、评估和归类，确定危险目标。

③突发事件分级：明确本地区或燃气企业对燃气突发事件的分级原则和标准。分级标准应符合国家有关规定和标准要求。

3. 组织机构及职责

①应急组织体系：明确本地区或燃气企业的应急组织体系构成。包括应急指挥机构和应急日常管理机构等，应以结构图的形式体现。

②应急组织机构的职责：明确本地区或燃气企业应急指挥机构、应急日常管理机构以及相关部门的应急工作职责。应急指挥机构可以根据应急工作需要设置相应的应急工作小组，并明确各小组的工作任务和职责。

4. 预防与预警

①危险源监控：明确本地区或燃气企业对危险源监控的方式、方法。

②预警行动：明确本地区或燃气企业发布预警信息的条件、对象、程序和相应的预防措施。

③信息报告与处置：明确本地区或燃气企业发生燃气突发事件后信息报告与处置工作的基本要求。包括本地区或燃气企业 24 小时应急值守电话、燃气企业内部应急信息报告和处置程序以及向政府有关部门、燃气监管机构和相关单位进行突发事件信息报告的方式、内容、时限、职能部门等。

5. 应急响应

①应急响应分级：根据燃气突发事件分级标准，结合本地区或燃气企业控制事态和应急处置能力，确定响应分级原则和标准。

②应急响应程序：针对不同级别的响应，分别明确启动条件、应急指挥、

应急处置和现场救援、应急资源调配、扩大应急等应急响应程序的总体要求。

③应急结束：明确应急结束的条件和相关事项。应急结束一般应满足以下要求：燃气突发事件得以控制，容易导致次生、衍生事故的隐患已经消除，环境恢复情况符合有关标准，并经应急指挥部批准。应急结束后的相关事项应包括需要向有关单位和部门上报的燃气突发事件情况报告以及应急工作总结报告等。

6. 信息发布

明确应急处置期间相关信息的发布原则、发布时限、发布部门和发布程序等。

7. 后期处置

明确应急结束后，燃气突发事件后果影响消除、生产秩序恢复、污染物处理、善后理赔、应急能力评估、对应急预案的评价和改进等方面的后期处置工作要求。

8. 应急保障

明确本地区或燃气企业应急队伍、应急经费、应急物资装备、通信与信息等方面的应急资源和保障措施。

9. 培训和演练

①培训：明确对本地区或燃气企业人员开展应急培训的计划、方式和周期要求。如果预案涉及对社区和居民产生影响，应做好宣传教育和告知等工作。

②演练：明确本地区或燃气企业应急演练的频度、范围和主要内容。

10. 奖惩

明确应急处置工作中奖励和惩罚的条件和内容。

11. 附则

明确应急预案所涉及的术语定义以及对预案的备案、修订、解释和实施等要求。

12. **附件**

应急预案包含的主要附件（不限于）如下：

①应急预案体系框架图和应急预案目录。

②应急组织体系和相关人员联系方式。

③应急工作需要联系的政府部门、燃气监管机构等相关单位的联系方式。

④关键的路线、地面标志和图纸，如燃气调压站系统工艺图、输配厂总平面布置图等。

⑤应急信息报告和应急处置流程图。

⑥与相关应急救援部门签订的应急支援协议或备忘录。

三、燃气应急救援预案的管理

（一）应急救援预案的管理原则

①应急救援预案应明确管理部门，负责应急救援预案的综合协调管理工作。

②应急救援预案的管理应遵循综合协调、分类管理、分级负责、属地为主的原则。

（二）应急救援预案的评审

①应当组织有关专家对应急救援预案进行审定。涉及相关部门职能或者需要有关部门配合的，应当征得有关部门同意。

②涉及建筑施工和易燃易爆物品、危险化学品、放射性物品等危险物品的生产、经营、储存、使用的应急救援预案，应当组织专家对编制的应急救援预案进行评审。评审应当形成书面纪要并附有专家名单。

③应急救援预案编制单位必须对本单位编制的应急预案进行论证。

④参加应急救援预案评审的人员应当包括应急救援预案涉及的政府部门工作人员和有关安全生产及应急管理、燃气行业管理方面的专家。

⑤应急救援预案的评审或者论证应当注重应急预案的实用性、基本要素的完整性、预防措施的针对性、组织体系的科学性、响应程序的操作性、应急保障措施的可行性、应急救援预案的衔接性等内容。

⑥应急救援预案经评审或者论证后，由本地区政府领导或燃气企业法人代表签署公布。

（三）应急救援预案的备案

①燃气企业的应急救援预案，按照政府相关规定报安全生产监督管理部门和有关主管部门备案。

②各级政府的应急救援预案，应当按照国家相关法律法规在上一级政府部门备案。

③申请应急救援预案备案，应当提交以下材料：

·应急救援预案备案申请表；

·应急救援预案评审或者论证意见；

·应急救援预案文本及电子文档。

④受理备案登记的部门应当对应急救援预案进行形式审查，经审查符合要求的，予以备案并出具应急预案备案登记表；不符合要求的，不予备案并说明理由。

（四）应急救援预案的修订

①应急救援预案，应当根据预案演练、机构变化等情况适时修订。

②应急救援预案应当至少每两年修订一次，预案修订情况应有记录并归档。

③有下列情形之一的，应急救援预案应当及时修订：

·燃气企业因兼并、重组、转制等导致隶属关系、经营方式、法定代表人发生变化的；

·生产工艺和技术发生变化的；

·周围环境发生变化，形成新的重大危险源的；

·应急组织指挥体系或者职责已经调整的；

·依据的法律、法规、规章和标准发生变化的；

·应急救援预案演练评估报告要求修订的；

·应急救援预案管理部门要求修订的。

④应急救援预案制订部门应当及时向有关部门或者单位报告应急救援预案的修订情况，并按照有关应急救援预案报备程序重新备案。

（五）应急救援预案的培训

①应急救援预案的编制部门负责组织本地区或本燃气企业应急救援预案的培训。

②应急救援预案的培训应每年至少组织一次。

③应急救援预案涉及地区的人员应该参加应急救援预案的培训。

④燃气企业的所有员工必须参加应急救援预案的培训。

⑤应急救援预案的培训必须有培训记录。

（六）应急救援预案的演练

应急救援预案的演练指针对突发事件风险和应急保障工作要求，由相关应急人员在预设条件下，按照应急救援预案规定的职责和程序，对应急预案的启动、预测与预警、应急响应和应急保障等内容进行应对训练。

1. 应急救援预案演练的目的与原则

（1）目的

·检验突发事件应急救援预案的有效性，提高应急救援预案的针对性、实效性和操作性。

·完善突发事件应急机制，强化政府、燃气企业、燃气用户之间的协调与配合。

·锻炼燃气应急队伍，提高燃气应急人员在紧急情况下妥善处置突发事件的能力。

·推广和普及燃气应急知识，提高公众对突发事件的风险防范意识与能力，发现可能发生事故的隐患和存在的问题。

（2）原则

·依法依规，统筹规划。应急演练工作必须遵守国家相关法律法规、标准及有关规定，科学统筹规划，纳入本地区或燃气企业应急管理工作的整体规划，并按规划组织实施。

·突出重点，讲求实效。应急演练应结合本单位实际，有针对性地设置演练内容。演练应符合事故/事件发生、变化、控制、消除的客观规律，注重过程、讲求实效，提高突发事件应急处置能力。

·协调配合，保证安全。应急演练应遵循“安全第一”的原则，加强组织协调，统一指挥，保证人身、燃气管网、用户设施及人民财产、公共设施安全，并遵守相关保密规定。

2. 应急救援预案演练的分类

①综合应急演练：由多个单位、部门参与的针对燃气突发事件应急救援预案或多个专项燃气应急救援预案开展的应急演练活动，其目的是在一个或多个部门（单位）内对多个环节或功能进行检验，并特别注重检验不同部门（单位）之间以及不同专业之间的应急人员的协调性及联动机制。其中，社会综合应急演练由政府相关部门、燃气行业管理部门、燃气企业、燃气用户等多个单位共同参加。

②专项应急演练：针对燃气企业燃气突发事件专项应急预案以及其他专项预案中涉及燃气企业职责而组织的应急演练。其目的是在一个部门或单位内针对某一个特定应急环节、应急措施或应急功能进行检验。

3. 应急救援预案演练形式

①实战演练：由相关参与单位和人员，按照突发事件应急救援预案或应急程序，以程序性演练或检验性演练的方式，运用真实装备，在突发事

件真实或模拟场景条件下开展的应急演练活动。其主要目的是检验应急队伍、应急抢险装备等资源的调动效率以及组织实战能力，提高应急处置能力。

程序性演练：根据演练题目和内容，事先编制演练工作方案和脚本。演练过程中，参演人员根据应急演练脚本，逐条分项推演。其主要目的是熟悉应对突发事件的处置流程，对工作程序进行验证。

检验性演练：演练时间、地点、场景不预先告知，由领导小组随机控制，有关人员根据演练设置的突发事件信息，依据相关应急预案，发挥主观能动性进行响应。其主要目的是检验实际应急响应和处置能力。

②桌面演练：由相关参与单位和人员，按照突发事件应急预案，利用图纸、计算机仿真系统、沙盘等模拟进行应急状态下的演练活动。其主要目的是使相关人员熟悉应急职责，掌握应急程序。

除以上两种形式外，应急演练也可采用其他形式进行。

4. 应急救援预案演练规划与计划

①规划：应急救援预案编制部门应针对突发事件特点对应急演练活动进行3~5年的整体规划，包括应急演练的主要内容、形式、范围、频次、日程等。从实际需求出发，分析本地区、本单位面临的主要风险，根据突发事件的发生发展规律，制订应急演练规划。各级演练规划要统一协调、相互衔接，统筹安排各级演练之间的顺序、日程、侧重点，避免重复和相互冲突。演练频次应满足应急预案规定，但不得少于每年一次。

②计划：在规划基础上，制订具体的年度工作计划，包括演练的主要目的、类型、形式、内容，主要参与演练的部门、人员，演练经费概算等。

5. 应急救援预案演练准备

针对演练题目和范围，开展以下演练准备工作。

①成立组织机构

根据需要成立应急演练领导小组以及策划组、技术组、保障组、评估组等工作机构，并明确演练工作职责、分工。

a. 领导小组

· 领导应急演练筹备和实施工作；

· 审批应急演练工作方案和经费使用；

· 审批应急演练评估总结报告；

· 决定应急演练的其他重要事项。

b. 策划组

· 负责应急演练的组织、协调和现场调度；

· 编制应急演练工作方案，拟定演练脚本；

· 指导参与单位进行应急演练准备等工作；

· 负责信息发布。

c. 技术保障组

· 负责应急演练安全保障方案的制订与执行；

· 负责提供应急演练技术支持，主要包括应急演练所涉及的调度通信、自动化系统、设备安全隔离等。

d. 后勤保障组

· 负责应急演练的会务、后勤保障工作；

· 负责所需物资的准备，以及应急演练结束后物资清理归库；

· 负责人力资源管理及经费使用管理等。

e. 评估组

· 负责根据应急演练工作方案，拟定演练考核要点和提纲，跟踪和记录应急演练进展情况，发现应急演练中存在的问题，对应急演练进行点评；

· 负责针对应急演练实施中可能面临的风险进行评估；

· 负责审核应急演练安全保障方案。

②编写演练文件

a. 应急演练工作方案，主要内容包括以下几项：

·应急演练目的与要求。

·应急演练场景设计，即按照突发事件的内在变化规律，设置情景事件的发生时间、地点、状态特征、波及范围以及变化趋势等要素，进行情景描述。对演练过程中应采取的预警、应急响应、决策与指挥、处置与救援、保障与恢复、信息发布等应急行动与应对措施预先设定和描述。

·参与单位和主要人员的任务及职责。

·应急演练的评估内容、准则和方法，并制订相关评定标准。

·应急演练总结与评估工作的安排。

·应急演练技术支撑和保障条件、参与单位联系方式、应急演练安全保障方案等。

b. 应急演练脚本：应急演练脚本是指演练工作方案的具体操作手册，帮助参与人员掌握演练进程和各自需演练的步骤。一般采用表格形式，描述应急演练每个步骤的时刻及时长、对应的情景内容、处置行动及执行人员、指令与报告对白、适时选用的技术设备、视频画面与字幕、解说词等。应急演练脚本主要适用于程序性演练。

c. 根据需要编写演练评估指南，主要包括以下内容：

·相关信息：应急演练目的、情景描述，应急行动与应对措施简介等；

·评估内容：演练活动前的准备工作、演练具体方案、演练活动的组织与具体实施情况、演练效果等；

·评估标准：应急演练目的实现程度的评判指标；

·评估程序：针对评估过程做出的程序性规定。

d. 安全保障方案，主要包括以下内容：

·可能发生的意外情况及其应急处置措施；

·应急演练的安全设施与装备；

·应急演练非正常终止条件与程序；

·安全注意事项。

③落实保障措施

a. 组织保障：落实演练总指挥、现场指挥、演练参与单位（部门）和人员等，必要时考虑替补人员。

b. 资金与物资保障：落实演练经费、演练交通运输保障，筹措演练器材、演练情景模型。

c. 技术保障：落实演练场地设置、演练情景模型制作、演练通信联络保障等。

d. 安全保障：落实参演人员、现场群众、运行系统安全防护措施，进行必要的系统（设备）安全隔离，确保所有参演人员和现场群众的生命财产安全，确保运行系统安全。

e. 宣传保障：根据演练需要，对涉及演练的单位、人员及社会公众进行演练预告，宣传燃气应急相关知识。

④其他准备事项

根据需要准备应急演练有关活动安排，进行相关应急预案培训，必要时可进行预演。

6. 应急演练实施

①程序性实战演练实施

a. 实施前状态检查确认：在应急演练开始之前，确认演练所需的工具、设备设施以及参与人员到位，检查应急演练安全保障设备设施，确认各项安全保障措施完备。

b. 演练实施。

· 条件具备后，由总指挥宣布演练开始。

· 按照应急演练脚本及应急演练工作方案逐步演练，直至全部步骤完成。演练可由策划组随机调整演练场景的个别或部分信息指令，使演练人员依据变化后的信息和指令自主进行响应。出现特殊或意外情况时，策划组可调整或干预演练，若危及人身和设备安全，应采取应急措施终止演练。

·演练完毕，由总指挥宣布演练结果。

②检验性实战演练实施

a. 实施前状态检查确认：确认活动的条件，对参与此项活动人员所佩戴的安全保障装备进行检查，保证安全保障措施处于正常状态。

b. 演练实施。

方式一：策划人员事先发布演练题目及内容，向参与人员通告事件背景，演练事件、地点、场景随机安排。

方式二：策划人员不事先发布演练题目及内容，演练时间、地点、内容、场景随机安排。有关人员根据演练指令，依据相应预案规定职责启动应急响应，开展应急处置行动。演练完毕，由策划人员宣布演练结束。

③桌面演练实施

a. 实施前状态检查确认：在应急演练开始之前，策划人员确认演练条件已具备。

b. 演练实施。

·由策划人员宣布演练开始；

·参演人员根据事件预想，按照预案要求，模拟进行演练活动，启动应急响应，开展应急处置行动；

·演练完毕，由策划人员宣布演练结束。

④其他事项

a. 演练解说：在演练实施过程中，可以安排专人进行解说。内容包括演练背景描述、进程讲解、案例介绍、环境渲染等。

b. 演练记录：演练实施过程要有必要的记录，分为文字、图片和声像记录，其中文字记录内容主要包括：

·演练开始和结束时间；

·演练指挥组、主现场、分现场实际执行情况；

·演练人员表现；

·出现的特殊或意外情况及其处置。

7. 应急救援预案演练评估、总结与改进

（1）评估

对演练前准备、执行方案、组织情况、演练过程以及演练效果等进行评估，通过评估确定演练是否符合应急演练目的，检验相关应急机构指挥人员及应急人员完成任务的能力。

评估组应掌握事件和应急演练场景，熟悉被评估岗位和人员的响应程序、标准和要求；演练过程中，按照规定的评估项目，依推演的先后顺序逐一进行记录；演练结束后进行点评，撰写评估报告，重点对应急演练组织实施中发现的问题和应急演练效果进行评估总结。

（2）总结

应急演练结束后，策划组撰写总结报告，主要包括以下内容：

·本次应急演练的基本情况和特点；

·应急演练的主要收获和经验；

·应急演练中存在的问题及原因；

·对应急演练组织和保障等方面的建议及改进意见；

·对应急预案和有关执行程序的改进建议；

·对应急设施、设备维护与更新方面的建议；

·对应急组织、应急响应能力与人员培训方案的建议等。

（3）后续处置

a. 文件归档与备案：应急演练活动结束后，将应急演练方案、应急演练评估报告、应急演练总结报告等文字资料，以及记录演练实施过程的相关图片、视频、音频等资料归档保存；对主管部门要求备案的应急演练，演练组织部门（单位）将相关资料报主管部门备案。

b. 预案修订：演练评估或总结报告认定演练与预案不相衔接，甚至产生冲突，或预案不具有可操作性，由应急预案编制部门按程序对预案进行修改、完善。

（4）后续改进

应急演练结束后，组织应急演练的部门（单位）应根据应急演练情况，对表现突出的单位及个人，给予表彰或奖励；对不按要求参加演练，或影响演练正常开展的，给予批评或处分。应根据应急演练评估报告、总结报告提出的问题和建议，督促相关部门和人员制订整改计划，明确整改目标，制订整改措施，落实整改资金，并跟踪督查整改情况。

燃气管网数据采集系统（SCADA）

近年来，中国经济的高速发展令世界瞩目，城市燃气也获得很大发展。以“西气东输”和“川气东送”工程建设为标志，我们迎来了城市利用天然气的时代，我国燃气的发展也将逐渐步入正轨。为保证燃气输配管网及设施安全、均衡、高效地运行，建立和完善 SCADA系统成为燃气发展的客观需要。

第一节　SCADA 系统概述

一、概念介绍

SCADA 系统，即监测控制与数据采集系统，又称计算机四遥技术——遥测、遥控、遥信、遥调。它是集自动控制技术、计算机技术、传感技术和通信技术于一体，以计算机为基础的生产过程控制与调度自动化系统，可以对现场的运行设备进行监视和控制，以实现数据采集、设备控制、测量、参数调节以及各类信号报警等各项功能。

由于各个应用领域对 SCADA 的要求不同，所以不同应用领域的 SCADA 系统发展也不完全相同。

在电力系统中，SCADA 系统应用最为广泛，技术发展也最为成熟。它作为能量管理系统（EMS 系统）的一个最主要的子系统，有着信息完整、提高效率、正确掌握系统运行状态、加快决策、能帮助快速诊断出系统故障状态等优势，现在已经成为电力调度不可缺少的工具。它对提高电网运行的可靠性、安全性与经济效益，减轻调度员的负担，实现电力调度自动化与现代化发挥着重要作用。

SCADA 在铁道电气化远动系统上的应用较早，在保证电气化铁路的安全可靠供电、提高铁路运输的调度管理水平等方面起到了很大的作用。在铁道电气化 SCADA 系统的发展过程中，随着计算机的发展，不同时期有不同的产品，同时我国也从国外引进了大量的 SCADA 产品与设备，这些都带动了铁道电气化远动系统向更高的目标发展。

二、SCADA 发展历程

SCADA 系统，SCADA 系统自诞生之日起就与计算机技术的发展紧密相关，

SCADA 系统发展到今天已经经历了四代。

第一代是基于专用计算机和专用操作系统的 SCADA 系统，如电力自动化研究院为华北电网开发的 SD176 系统以及日本日立公司为我国铁道电气化远动系统所设计的 H-80M 系统。这一阶段是从计算机运用到 SCADA 系统时开始到 20 世纪 70 年代。

第二代是 20 世纪 80 年代基于通用计算机的 SCADA 系统，在第二代中，广泛采用 VAX 等其他计算机以及其他通用工作站，操作系统一般是通用的 UNIX 操作系统。在这一阶段，SCADA 系统在电网调度自动化中发挥重要作用，自动发电控制（AGC）以及网络分析结合到一起构成了 EMS 系统（能量管理系统）。

第三代是我国 SCADA/EMS 系统高速发展时期，各种最新的计算机技术都汇集进 SCADA/EMS 系统中。这一阶段也是我国对电力系统自动化以及电网建设投资力度最大的时期。

第四代 SCADA/EMS 系统的基础条件已经具备，于 21 世纪初诞生。该系统的主要特征是采用 Internet 技术、面向对象技术、神经网络技术以及 Java 技术等技术，继续扩大 SCADA/EMS 系统与其他系统的集成，综合满足安全经济运行以及商业化运营的需要。

三、SCADA 系统发展展望

SCADA 系统在不断发展，不断完善，其技术进步一刻也没有停止过。当今，随着电力系统以及铁道电气化系统对 SCADA 系统需求的提高以及计算机技术的发展，对 SCADA 系统提出新的要求，概括地说，有以下几点：

（一）SCADA/EMS 系统与其他系统的广泛集成

SCADA 系统是电力系统自动化的实时数据源，为 EMS 系统提供大量的实时数据。同时在模拟培训系统、MIS 系统等系统中都需要用到电网实时数据，而没有这个电网实时数据信息，所有其他系统都将成为“无源之水”。所以，在近十年，SCADA 系统如何与其他非实时系统的连接成为 SCADA 研究的重要课题。现在 SCADA 系统已经成功地实现了与 DTS（调度员模拟培训系统）、企业 MIS 系统的连接。

（二）变电所综合自动化

以 RTU、微机保护装置为核心，将变电所的控制、信号、测量、计费等回路纳入计算机系统，取代传统的控制保护屏，能够降低变电所的占地面积和设备投资，提高二次系统的可靠性。变电所的综合自动化已经成为有关方面的研究课题，我国东方电子等公司已经推出相应的产品，但在铁道电气化上还处于研究阶段。

（三）专家系统、模糊决策、神经网络等新技术研究与应用

利用这些新技术模拟电网的各种运行状态，并开发出调度辅助软件和管理决策软件，由专家系统根据不同的实际情况推理出最优化的运行方式或处理故障的方法，以达到合理、经济地进行电网电力调度，提高输送效率的目的。

（四）面向对象技术、Internet 技术及 Java 技术的应用

面向对象技术是网络数据库设计、市场模型设计和电力系统分析软件设计的合适工具，将面向对象技术运用于 SCADA/EMS 系统是发展趋势。

随着 Internet 技术的发展，浏览器界面已经成为计算机桌面的基本平台，将浏览器技术运用于 SCADA/EMS 系统，将浏览器界面作为电网调度自动化系统的人机界面，对扩大实时系统的应用范围，减少维护工作量非常有利。在新一代的 SCADA/EMS 系统中，传统的 MMI 界面将保留，主要供调度员使用，新增设的 Web 服务器供非实时用户浏览，以后将逐渐统一为一种人机界面。

Java 语言综合面向对象技术和 Internet 技术，将编译和解释有机结合，严格实现了面向对象的四大特性：封装性、多态性、继承性、动态联编，并在多线程支持和安全性上优于 C + +，以及其他诸多特性，Java 技术将引发 EMS/SCADA 系统的一场革命。

第二节　SCADA 系统的功能

一、数据采集功能

根据燃气企业生产调度中心调度生产的需求，系统能通过通信网络实时监控各储配站、调压站、门站和气源厂等的有关参数：如压力、流量、温度、泵/压缩机工作状态、罐容、电动阀、电流、电压等。

二、数据传输功能

将现场采集的数据，直接或通过各生产调度分系统，实时传递到生产调度中的主系统。

三、数据显示及分析功能

生产调度中心主系统将获得的各类信息及数据经过分析、加工，使其直观地显示出来，供生产调度指挥人员使用。

四、报警功能

系统可对站场设备和管道运行异常及燃气泄漏等情况及时报警。

五、历史数据的存储、检索、查询及分析功能

根据企业生产调度中心调度生产指挥和检索、查询及分析历史数据的需求，系统应实现历史数据的存储、检索、查询及分析功能。

六、报表显示及打印功能

系统可自动生成各种生产情况的日周月年报表，并可随时打印或传送给有

关人员。

七、遥控功能

根据企业生产调度中心调度生产指挥的需求，系统操作人员可在生产调度中心实现对有关设备开停遥控、有关阀门的遥控控制。

八、网络功能

将现场采集的数据送到网络服务器上，供其他系统使用或供有关人员查询。

九、视频监控功能

利用安装在监视目标区域的摄像机对生产设备和环境进行监控和录像，将被监视目标的动态图像传输到调度控制中心。

十、其他增强功能

负荷预测、管网模拟、设备管理、事故判断和抢修预案、移动办公功能等。

第三节　SCADA 系统在燃气系统中的应用

一、SCADA 系统实际应用情况

国外于 20 世纪 60 年代初开始对 SCADA 系统进行研究，在实际生产管理中得到广泛的发展和应用。20 世纪 90 年代 SCADA 系统在工业发达国家已成为燃气输配系统中的普通设施。

随着技术的不断进步，国外涌现出了像美国摩托罗拉、澳大利亚ACTION、德国西门子等品牌SCADA系统成套产品，设备性能先进、技术成熟。目前的发展方向及重点是地下管网的信息管理系统开发与利用，即除对城市燃气进行实时监测、测控、辅助调度外，还具有采用CAD技术进行输配管网的自动设计，采用GIS系统（地理信息系统）完成燃气管线查询、竣工图管理、设备数据库建立、信息统计分析、用户信息管理以及水、电、路、规划等信息管理的功能。构成一套完整的燃气输配信息管理系统，东京煤气公司、德国城市天然气公司、中国香港中华煤气公司等是典型的代表。

我国于20世纪80年代开始引进和开发SCADA系统，使之服务于燃气输配调度管理工作，并且得到迅速发展。进入20世纪90年代，随着燃气事业在国内的快速发展，很多燃气企业开始这一方面的工作，大多数企业采用国外厂家的PLC产品作为子站的RTU部分，传输方式多以无线为主，中心控制系统也一定程度上采用大型关系数据库，实现的功能多以监测压力点为主。

目前使用燃气管网的城市中70%都建立了自己的SCADA系统，总的来说，现代化的燃气管网自动监控系统对城市燃气行业的管理起到了积极的作用，确实提高了燃气输配调度水平。由于建立和应用SCADA系统不是一件简单的事情，再加上开发和应用的经验不足，已建成的SCADA系统发挥的作用大小不一，参差不齐，还存在许多问题，大多数并没有实现预期的目的。

二、SCADA系统效益

燃气输配系统在应用SCADA系统之前，要做到合理优化调度，尚存在一定难度，其调度所采用的手段只限于眼观、手抄、电话询问、人工去现场巡视操作等传统方式，而这些方式在实际中存在很多缺陷，如表现在输配管网的调度上，由于管网信息传递慢、反馈时间长，事故先兆无法及时反馈到调度室，调度人员对燃气设施运行情况缺乏直观了解，这不但影响了调度人员对情况的判断，也影响了事故处理的及时性和调度决策的准确性，从而难以保证输配

管网在安全、可靠的状况下运行。总之，传统的调度方式不仅造成能源浪费，对用户也有一定影响，有时甚至因为失时、失误而酿成事故。分析国内外燃气输配 SCADA 系统在运行中出现的问题和事故发现，多数都与传统调度方式的盲目性和落后性有关。

随着目前许多城市燃气管网规模的扩大和科技的发展，对燃气输配调度的要求已不局限于保证安全供应，对节能降耗、简化操作、降低劳动强度、省时省力、优化和超前调度等方面也提出了更高的要求。燃气输配 SCADA 系统效益主要体现在以下几个方面。

（一）保证管网安全可靠运行

SCADA 系统所选的测点一般具有代表性，基本能反映出燃气输配系统的全局状况，能够满足输配调度管理需要，通过对各测点实时、准确、直观地监测，调度人员可以详细掌握管网运行情况，系统的报警功能使调度人员能及时发现管网运行中的异常，如设备管道压力超限、调压系统失灵，燃气泄漏等不正常情况，防止和减少了事故的发生和蔓延，有效地提高了供气安全性。

（二）优化调度和超前调度

SCADA 系统使调度人员随时、准确地了解燃气的生产量、储存量和使用量，还可以直观地将三者进行比较，并能通过作图方式观察三者的变化趋势。调度人员可以以此为依据进行预测，做出合理调度，调整三者之间的平衡，做到合理、优化的调度。另外，调度人员通过计算机对历史数据整理、比较、分析，总结其规律性，并应用于以后编制合理的供气方案，做到超前调度。

（三）降低劳动强度、省时省力

SCADA 系统强大而完善的功能，在各个方面提供了便利，使燃气系统的调度便利快捷，准确可靠。

（四）协助管网施工和抢修

燃气 SCADA 系统中的 GIS 功能、设备管理、事故判断和抢修预案、移动办公功能等，为管网施工和抢修提供了极大方便。在管网施工和抢修中，系统的遥测、遥控功能也可发挥较大作用，与现场施工紧密配合。

三、燃气 SCADA 系统存在的主要问题及原因

SCADA 系统的应用为燃气生产调度水平的提高提供了可靠的技术保证，但同时也存在着以下主要问题：系统稳定性不强；系统扩展性不好；自身维护能力不足；采集数据后期处理不够等。分析其主要原因，包括以下几个方面。

（一）按照国外管理模式，全套引进国外系统

我国燃气行业的管理模式与国外有较大的差别，而且按国外经营管理模式建立的系统无论是采购、安装还是维护等方面的收费均按发达国家的标准，所需费用较高，因此燃气企业除在资金上要承受巨大的压力外，国外的系统并不一定能直接交付使用。这是因为国外的系统要投入运行，还要进行软件修改，操作界面汉化、操作方式中国化等改变。调查表明，燃气企业花大量资金成套引进国外系统后，仍要投入相当大的人力、资金、时间用于系统消化、二次开发和系统维护，同时由于管理模式的差别，许多成套引进的系统并没有发挥应有的作用，反而造成资金的巨大浪费。造成这种后果的原因主要有三个：一是盲目崇洋，没有结合自身的实际情况；二是国外政府贷款，必须采购国外公司的系统的条件限制；三是一些国外、国内的设备供应商以出国学习、考察为条件，诱导燃气企业全套引进国外系统。

（二）不注重系统功能，只看重系统价格

目前，燃气企业在很多地方属于公共福利事业单位，建设资金非常紧张。燃气企业能在有限的资金中挤出一部分用于 SCADA 系统建设已实属不易，系统的价格是一个必须考虑的因素。部分燃气企业在方案选定时，过于听信厂商的宣传，仅注重系统价格因素，购进廉价的系统，未将系统的功能、可靠性、

可维护性设计、系统的售后服务、系统的技术支持等因素考虑进去。这样的系统价格确实较低，但因其设计起点低，从最底层的数据采集单元开始就存在可靠性差、精度低、寿命短、维护工作量大的缺点，虽然可以应付验收，可一旦投入实际运行，故障频繁，得不到及时维护，难以满足燃气调度系统不间断运行的严格要求。甚至有的系统近乎瘫痪，造成资金的浪费。

（三）依靠自身的力量，独立开发SCADA系统的不足

燃气企业依靠自身的技术力量，独立开发建立SCADA系统，虽说能完全按照自身的业务要求和管理模式进行系统开发，系统运行后能够得到较好的维护，可问题在于SCADA系统开发不是一项简单的工作，涉及多项高新技术，如计算机、自动控制、测量、通信、图像处理等，是一项系统工程。系统的开发需要各种专业人才和丰富的开发经验，燃气企业很难具备这样的条件，只能临时与有实力的大专院校和科研单位合作。事实表明，这种方式的开发周期长，较少考虑系统的通用性、可扩充性，系统的总体方案规划不周全，专业水平不高，难以随燃气企业业务的扩大而进行功能扩充，造成重复劳动及资源的浪费。

（四）忽视自身专业队伍的建设，维护人才匮乏

SCADA系统是一个综合业务系统，由大量的高精端设备组成，同时各种设备不可能不出现问题和故障，这就需要各种专业的维护技术人员。目前，许多燃气企业只注意燃气输配调度人员的培养，而燃气、计算机软硬件、测量、控制、通信等专业人员奇缺，系统维护力量与现代化的输配系统不相匹配，一旦SCADA系统出现故障，得不到及时有效的维护，往往一个小的故障，就会导致整个系统趋于瘫痪。事实表明，缺乏专业人员，维护力量不足是现有SCADA系统不能发挥应有作用的重要因素之一。

（五）缺少关于燃气SCADA系统的专业标准

目前，我国尚无关于燃气SCADA系统的专业标准。

四、如何建立和完善燃气 SCADA 系统

建立和完善 SCADA 系统应切实注意并解决以下问题。

（一）认识建立 SCADA 系统的重要性

SCADA 系统是一个涉及多种新技术的系统工程，需要大量的资金投入，同时可能在建设过程中会走一些弯路，这就要求从领导到基层的全面重视和理解，特别是领导层的重视，充分认识到建立 SCADA 系统的重要性，在项目实施过程中才有可能在人力和资金方面给予有力的支持。

（二）加强各企业间的信息交流

对于城市燃气行业来说，许多企业的 SCADA 系统都是相通的，有必要加强各企业间的信息交流，特别是学习一些比较成功的企业的宝贵经验，结合自己的实际情况，少走或不走弯路，避免不必要的资金、人力、物力的浪费。

（三）认真做好系统总体方案选型设计

在进行系统总体方案选型设计时，主要应考虑如下因素：系统可靠性、系统实时性、系统先进性、系统可维护性、系统可扩展性、系统投资规模及用户功能需求等。确定总体目标计划时，应根据资金情况，正确划分近期、中期、远期目标，进行一次规划设计，分阶段、分步骤实施。

（四）系统开发研制单位和硬件设备的选择

SCADA 系统的开发需要各种专业人才和开发经验，系统开发研究单位应是专业的开发单位，有成熟的 SCADA 系统开发经验，熟悉燃气行业规范和业务要求，并应与燃气企业建立长期合作的战略伙伴关系，以弥补企业在技术和专业人才方面的缺陷。硬件设备应选择性能优良价格合适的，必须选择具有良好的防爆性能、高精度、高可靠性的测控仪表。燃气企业的资金若充足，可选择进口的测控仪表，以求获得较高的性能；若资金不足，在仪表的精度和其他性能指标满足要求的前提下，采用国内合资企业生产的测控仪表也可以获得较高

的性能，提高系统的总体性能。

（五）建立高质量的通信系统

SCADA 系统实质上是一个信息处理系统，容易出现的故障就是通信问题，因此，建立 SCADA 系统要兼顾各方面因素，选择合适（可靠、经济）的通信方式。通信系统是 SCADA 系统的一个重要部分，虽然城市里的干扰很严重，但是通过合理的系统设计，仍然能够达到高质量传输的设计要求，同时应建立备用的通信手段，当一种通信方式受到干扰时，可通过备用的通信方式保障监控数据实时传送到调度中心，以保证 SCADA 系统正常运行。

（六）建立高质量的管网模型分析系统

管网模型分析系统水平的高低是 SCADA 系统性能好坏的一个重要标志。高质量的管网模型分析系统可以真实模拟实际的管网运行环境，可以进行各类分析、预测（负荷预测），发挥优化调度控制方案的作用，在紧急事故发生时提供相应的参考处理方案等。

（七）人才的引进和培养

要建立和完善 SCADA 系统，就必须加强对人才的引进和培养。燃气企业应抓好燃气输配、计算机、控制、通信等专业人员的培养，组建一支精干的企业信息化队伍，一方面可以确保 SCADA 系统正常运行；另一方面也可以有力地推动企业信息化系统的不断前进。

第九章

燃气用户安全信息监控平台

近年来，随着社会的进步，经济、科技的发展，人们的生活、工作和生产水平有了很大的提高，人们的生活、生产能源剧增。由于燃气在燃烧过程中产生的影响人类呼吸系统健康的物质极少，产生的二氧化碳仅为煤的40%左右，产生的二氧化硫也很少，燃烧后无废渣、废水，因此相较于煤炭、石油等能源具有使用安全、热值高、洁净等优势，受到人们的青睐。燃气作为能源大家庭的重要成员，除了工业用气外，民用气也已经走进千家万户，开始与老百姓的生活息息相关。

目前，全国的公用、商用、民用燃气用户已经达到数亿。随着经济的发展，管道燃气进入普通百姓家中，越来越多的用户开始使用管道燃气。近年来，我国城镇管道燃气事业有了迅猛发展，一方面，燃气的发展促进了经济的增长，改善了居民的生活条件，减少了环境污染；另一方面，由于燃气具有易燃、易爆、易流动和易扩散的特点，稍有疏忽，就会发生泄漏，极有可能导致火灾、爆炸事故，给人民的生命财产造成巨大的损失。在燃气行业中，每年因燃气泄漏引发的安全事故屡有发生，造成人员伤亡和财产损失的教训极为深刻。因此，燃气数据信息统计、分析、预测以及智能控制等越来越重要。

第一节　燃气用户安全信息监控平台概述

一、燃气用户安全信息监控平台项目简介

该项目主要研究一种新型的燃气泄漏报警器和适用于燃气环境的高可靠性切断阀，以及使用这种阀门的智能燃气切断装置，以保障用户端的安全。本项目通过智能燃气泄漏报警器和智能表具，现场采集相关数据，采用 GPRS/NB - IoT 方式与后台系统通信，每天定时上传具体的可燃气体的浓度和用气数据，通过后台分析的方式，如果泄漏报警器检测到有燃气泄漏或气量异常信息可以立即执行关阀动作，然后再将异常情况通过无线通道通知给用户和燃气企业的后台系统。

该项目采用当今先进的低功耗广域网（LPWAN）之一的 NB - IoT 技术作为通信方式以及燃气报警和安全切断，NB - IoT 技术具有以下特点：低功耗、广覆盖、大连接、低成本。与传统的通信方式相比具有巨大的优势。

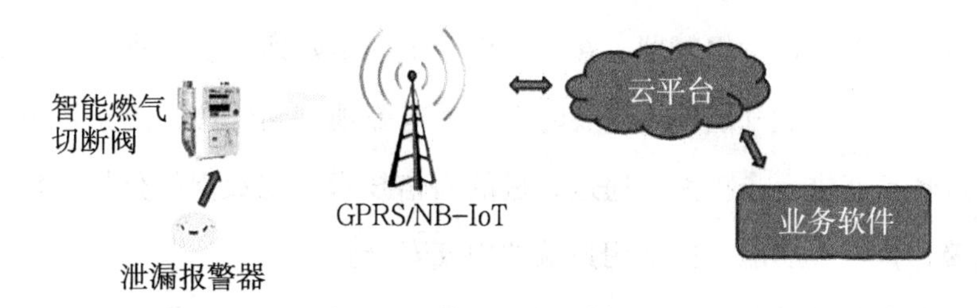

系统总体结构图

实现的主要功能有：

①本地控制器实现燃气泄漏报警器远程调控、远程标定。

②用户手机查询燃气泄漏报警器浓度。

③实现燃气泄漏安全切断功能。

④直接采用现场电脑即可启动监控。

⑤结合网络技术，将系统故障、报警信息发送至管理人员手机以及将数据上传到系统监控中心。

该项目可用于所有燃气企业，甚至是能源企业，可实现远程安全预警，远程操控等功能，实现了燃气安全信息化、网络化管理。

二、项目实施的背景和意义

燃气是城市能源供应的重要组成部分，是城市建设的重要基础设施之一。发展城市燃气，对于节约能源、保护环境、方便人民生活、促进工业生产、发展城市公共事业具有十分重大的意义，是实现城市现代化的重要标志之一。但同时，燃气使用不当造成泄漏很容易出现危险，且燃气使用点较为分散，监控较为困难。泄漏是事故的根本原因，随着经济的发展，管道燃气进入千家万户，用户端的燃气安全至关重要，采用先进、科学的技术手段保障用户端的用气安全势在必行。在这种背景下，基于用户端的燃气安全信息化监控技术研发应运而生。该项目旨在通过云智能网关技术、燃气泄漏检测技术、切断阀自动化技术，利用互联网实现燃气远程智能监控。

安装燃气泄漏检测报警器，在一定程度上能很好地预防火灾、爆炸等严重事故的发生，发生燃气泄漏后能及时发现并有效地切断气源，防止可燃气体的扩散，避免事态进一步扩大。通过先进的通信技术实现数据的分析、传输、判断、预警、执行等功能，保证用户端的用气安全。

以前行业内报警器采用数码管显示，虽然能正确地显示报警情况，但不能直观显示并且交互性能差等。传统的报警器相对来说都是孤立的个体，不能做到终端监控及远程监控等，在无人值守的情况下难以第一时间了解现场情况。

传统的居民用户的燃气切断阀与燃气表具一体，实现的主要功能为欠费切断，切断阀的安全切断功能往往被弱化。而报警器的误报和切断阀的误动作，会给用户造成很大的麻烦，这也是切断阀的安全切断功能较难实现的主要

原因。

云智能网关技术，当今最热门的低功耗广域网（LPWAN）之一的 NB - IoT 技术作为通信方式运用于燃气报警和安全切断，NB - IoT 技术具有以下特点：低功耗，可以实现一块电池支持燃气表正常工作 10 年；广覆盖，相比现有网络，覆盖面积扩大 100 倍，增益 20dB；大连接，一个扇区能够支持 10 万个连接设备，比现有网络增加 100 倍；低成本，相比现有的 LTE，模块成本优势巨大。

该项目研发智能新型城市燃气检测报警器、智能燃气自动化安全切断阀及安全监控网络信息云平台，采用最先进的 NB - IoT 通信技术，可供不同品牌的燃气报警器、安全切断阀系统接入。系统将传统控制器与网络通信技术结合，实现数据实时监控，24 小时为用户提供数据分析、异常报警数据，第一时间通过短信、微信方式通知指定的安全负责人。此外，通过移动手机设备的 App 应用，在移动设备上为用户提供燃气报警设备信息提示、燃气浓度状况实时查询、报警及异常数据消息推送等服务。燃气企业安全人员可通过网络系统，及时了解燃气泄漏情况并进行处理，把安全事故遏制在萌芽状态，大大减少事故发生概率。

燃气控制系统对于燃气行业的发展具有重要作用。燃气输配系统主要由调压站组成，用于降低、稳定压力，有着人为干涉多、故障隐患率高、遍布广泛等特点，因此成为安全隐患的集中点。平时保证系统安全主要依靠每日人工进站巡检为主，但仅仅采用人工巡查难以满足对高安全的要求，因此为了保证平稳、安全供气而设计的云智能网关技术，可以实时监控调压站内设备设施、现场环境状况，从而配合人工巡检以至代替人工巡检来保障基本的输配安全。通过实时监控系统全面覆盖隐患监控的盲区，将人工管理模式改为数字化、电子化、安全化、网络化、高效化的管理模式，提高燃气输配系统的安全系数，为燃气供给保驾护航。该项目的完成将大大提升燃气用户端的安全性，提高燃气企业对用户的用气安全的有效控制，保障人民生命财产。

三、技术发展趋势及国内外发展现状

（一）燃气泄漏报警器

目前，可燃气体探测报警产品技术发展较为成熟，相关国家标准有《可燃气体探测器》（GB15322－2003），并在2015年列入强制性认证产品目录，现有标准主要针对甲烷、丙烷、氢气和一氧化碳四种气体。

燃气检测报警产品采用的传感器都需要定期校准方能正常工作，并具有一定的使用寿命。但不少企业用户端因安全意识淡薄，安装这些产品只是为了应付检查，设备没有定期校准维护，甚至产品故障后没有及时维修，导致很多产品安装1年后已经失效，没有处于正常监控状态，使监控设备失去了效用。国内外生产燃气报警器产品的企业较多，检测技术发展也较为成熟，但关联安全切断阀和智能终端技术仍然是个空缺。

（二）智能燃气自动化切断阀

国际上很多燃气表制造商都将燃气自动化切断阀和燃气表合为一体，都在加紧研制“安全燃气表”，比如日本和韩国都有主打“安全燃气表”的厂商，这些表具的主要特点不是计量，而是在遇到危险情况时可自动切断阀门，比如检测到燃气泄漏自动关闭阀门、检测到地震自动关闭阀门、检测到气压突变自动关闭阀门，甚至检测到流量异常增大也会自动关闭阀门。但是这种表型细分太严重，市场过于小，没有办法做大，更别说销售到国内来了。

国内专门做安全燃气表的企业较少，但是做阀门的企业有很多，其中做民用表阀门的厂家多集中在浙江沿海一带，如宁波三洋电子、金卡智能集团、湖州金辰阀门、奉化宝通阀门、乐清福兴电子等。阀门的种类也较多，最常见的一种是螺杆阀，开阀和关阀时间相同，结构简单，但是遇到紧急情况，如电池脱落时，只能靠电路板上的超级电容储能来关阀，自动关阀可靠性不高。另一种是快关阀，它靠弹簧储能关阀，只需要很小的能量即可关阀，关阀力度也较大，即便阀门口有被燃气脏污的情况也能可靠关阀。使用这些阀门做成的智能燃气表在使用中也出现了很多问题，主要体现在需要关阀的时候关阀不良，究其原因，有以下几点：

①电机腐蚀（长期接触在燃气中，硅钢片被腐蚀、轴承被腐蚀），导致转不动。

②电机换向器及电刷表面与燃气中的硫发生化学反应，产生不导电的黑色晶体，接触阻抗变大，导致电机转不动或者转动行程偏短。

③关阀电容漏液失效或者低温下容量下降。

④阀门驱动电路中的三极管失效。

⑤阀门减速机构中的金属传动件腐蚀失效。

⑥阀门减速机构中的塑料传动件受应力变形卡死。

⑦电机引脚处采用含硅的胶密封，硅分子进入电机并附着在换向器上，造成电机短路，这种失效时好时坏，情况比较复杂。

⑧阀门电线连接器锈蚀导致的接触电阻变大。

所以，研制出一种适用于燃气环境，能可靠切断的阀门以及使用这种阀门的智能燃气切断装置是一件对燃气企业和居民用户都有利的工作。

另外，国内燃气行业的数据采集和监控系统主要负责及时掌握各气源供气量、各集输站储气量、各大型工商用户用气量、调压站运行情况、管网各节点的压力及各种预警信息等，以指导日常的生产调度，通常以 SCADA 系统最为常见，实现数据共享与查看。随着智能网关的发展，普通的安全信息监控系统已经无法满足发展的需求，为了更好地监控燃气的安全使用，减少危险状况的发生，云智能网关技术应运而生。该技术以云发展为前提，智能网关监控为基础，配合大数据分析处理，更加科学，可以全面监控燃气的压力、流量、温度、泄漏等关键数据。出现异常时，配合专门开发的设备进行自动化处理。

现有的燃气数据监控系统只能满足一般的监控需求，并没有实现云智能网关的统一数据处理，更没有实现突发状况出现时远程分析数据后的自动控制。

随着技术的发展以及用户需求的提升，现有的数据采集、展示系统已经不能满足相关要求。燃气企业应结合用户需求，解析用户业务，从多维度贴合用户实际，进行大数据的分析、处理。通过云智能网关技术，对各种状况做出更加科学的决策，并在第一时间将处理情况推送至移动端，以实现监控的实时性。

第二节　燃气用户安全信息监控平台的主要架构

一、燃气泄漏报警器

①提高报警器探测灵敏度，降低出错率。

②NB - IoT 无线网络及 Internet 网络数据传输模块：实现燃气浓度监测、连接云端服务器、确保数据安全等，数据传输模块使用标准 MODBUS TCP/IP 协议。

③GIS 电子地图：用户端燃气泄漏区域定位、燃气泄漏预警以及设备工作情况报告。

④浓度检测设备模型：记录设备信息，实时展示设备数据，浓度检测装置日常维护。

⑤研发系统报警体系研究：后台 24 小时实时接收、分析数据及处理、配套外设声光报警、异常发生通知燃气管理员、数据入档记录。

⑥手机设备软件应用：通过移动智能终端扫描二维码，让智能终端与云服务器连接，记录设备工作信息，接收服务器消息。

技术路线：

·传输协议研究，主要以《城市消防远程监控系统技术规范》（GB 50440 - 2007）协议做参考，制定出效率高、兼容性和可拓性强的数据传输协议。

·硬件设计：包括线传输模块设计。传输模块采用 RS485 接口与报警监控

设备连接，接收报警器数据后通过以太网或 NB－IoT 无线方式上传到服务器。

·系统稳定性测试。

二、智能燃气自动化切断阀

①研发云智能燃气自动切断阀，出错率小于 0.61/100 万次。

②切断阀机械性能的研究，包括：电机防腐，电机阀长期接触在燃气中，硅钢片、轴承、换向器容易被腐蚀，导致转不动；避免齿轮损坏和失效；降低对关阀电容的依赖，避免漏液失效；解决阀门驱动电路烧坏问题；阀门防爆。

③手机设备 App 应用研究：通过手机设备 App 扫描设备上的二维码，登录云服务器进行设备关联设置、设备信息录入；接收服务器消息推送。

监控平台软件设计：

·根据功能需求，确定监控平台软件采用的架构、数据库等；

·监控中心使用 B/S 架构，用户可通过电脑、手机 App 等直接登录浏览器进行数据录入、设备监控、操作等；

·系统用户管理采用树形结构，分配不同权限，用户可以在自己的权限范围内进行管理活动，如记录设备数据、设备监控、报警信息推送等。

三、云智能网关技术

选取适当的监控点在站内广布各类专用报警器、智能燃气自动化切断阀，用以传送报警等信息。报警等信息进行无线传输，至后台管理系统供调度人员进行 7×24 小时的实时监控，同时推送报警信息至移动端。后台管理系统是利用 Java 语言设计的 B/S 架构监控系统，可对现场数据进行逻辑判断，从而达到诊断故障、监控数据的目的。

通过云智能网关技术可以解决突发意外情况而导致的超压送气、压力不稳、压力过低、微小泄漏等隐患，将其消灭在萌芽状态，大大提高应急响应能力并缩短故障修复时间。为解决数据孤岛现象，设计数据库，收集、存储平时数据，为今后建立大数据库打下基础。具体研究内容如下：

· 云智能网关数据处理平台的开发；

· 站场数据无线传输技术的开发；

· 数据智能化处理的开发；

· 燃气泄漏报警器的研发；

· 智能燃气自动化切断阀的研发。

对采集的大量数据，针对不同级别的用户进行专门的数据应用和大数据分析，实现从上到下多层级用户数据分析的可视性范围筛选与控制，为不同身份（级别）的用户提供其管辖范围内的数据查看权限，为其提供不同的分析功能，从宏观到微观，辅助各级别用户做出合理的决策，并为其提供科学的依据，实现燃气智能化管理。

该项目应用于分散的点供式供气点，提供数据采集，监控关键数据，分析、判断其剩余气量及充气时间等服务，从而合理调度送气槽车及时补给气量。

将设备管理系统嵌入能源管理系统，实现能源管理系统与设备管理系统的融合。

云智能网关数据处理平台主要由数据库采集层、数据传输网络、数据库处理构成，主要研究技术如下所示。

· 数据采集层：通过安装的专用泄漏报警器和智能自动化切断阀等设备采集燃气相关数据。

· 数据传输网络：通过 TCP/IP 网络传输到平台监控中心。不需要进行远距离布线，施工简单可靠。

· 数据库处理：完成数据采集、校验、分析、处理、输出、系统维护、授权使用权限分级控制等；并可将现场运行的重要数据、报警信息、故障信息等传送到企业决策人员的相关移动设备中。

四、智能手机终端的开发

包括安卓平台与苹果 iOS 平台。

该项目为燃气行业的统一平台，可用于所有燃气企业，其创新点主要体现在多来源、多数据的融合以及 24 小时的全天监控，并利用这些数据进行不同层级的大数据分析，为不同身份的使用者掌握其管辖范围内全面的信息，做出合理的工作调度、前景规划、应急决策提供科学的依据。

第三节　燃气用户安全信息监控平台的设计原则

一、平台设计原则

为保证云智能网关技术平台平稳、安全、可靠、高效的运行，最大限度减少事故造成的损失，控制原则包括以下几项。

（一）分布式控制原则

网关监控系统采用分布式的控制原则，一般的过程控制和设备保护功能由各现场站点内的底层控制设备自动执行，同时将执行结果上传到数据处理中心。数据处理中心为运行监控的决策机构，负责所有数据的处理分析，直接接入系统进行控制操作处理。

（二）独立性原则

现场各控制系统之间在设计上应保持相对独立，不能因其中一个出现故障而影响其他控制系统的运行。

（三）安全管理原则

系统应有严格的安全和权限级别限制，不得随意越权操作。

（四）自动处理原则

一般在门站或调压站等站内的事故和故障，在没有及时得到控制中心的响应时，应有现场站点的控制设备自动做应急处理操作，同时向控制中心报警和报告处理结果。故障或事故范围较大，超出现场站点的控制范围时，由控制中心协调处理，并做出相应的控制操作。

二、平台设计要实现的主要成果

云智能网关是燃气用户安全信息监控平台的心脏，通过它实现系统信息的采集、信息输入、信息输出、集中控制、远程控制、联动控制等功能，是实现监控功能的核心条件。通过该平台将实现多类型数据的采集、传输与监控，在平台上采用不同技术接入各种数据，如站场数据、工业或商业用户、小区居民用户，离散点供式气源数据等。在获取大数据的基础上，建立大数据存储数据库，并对燃气大数据进行深入挖掘，研发适用于燃气行业的全面监管技术。

该平台的建立，将引领燃气行业发展开启新的篇章，起到带动行业技术发展的作用，它为燃气的使用带来 24 小时的全时间段监控，为用户的安全提供保障，为燃气行业的高速发展提供有力的安全后盾。

（一）经济指标

1. 项目经济性分析

对于本项目，影响投资回报率的主要因素有以下几项：

· 通过信息化技术所节省的人员成本；

· 通过销售给其他企业所产生的利润；

· 减少因点供监控系统等子系统重复投资造成的损失；

· 通过提前预警以及定期优化运营策略所实现的运营成本减少，初投资节省；

· 减少子系统重复研发以及建设投资，包括点供监控系统、SCADA 燃气实时数据监控系统等。

年度运营回报利润：

·通过云网关技术实现紧急状况自动控制技术可替代部分人工，每个城市区域预计可节省10名检修员，平均年薪约10万元，节约费用：10×100000＝1000000（元）；

·减少因为运营策略不合理造成的运行成本的增加。

2. 成本回收周期计算

在平台建成后，基本运营目标完成的情况下，预计使用两年以上回收成本。

3. 新增就业

平台的系统维护、后续版本的开发，以及新产品的生产研发，将提供相应的高科技人才的就业机会。

（二）技术指标

①研发出与远程安全切断阀关联的云智能燃气报警器。

②经过国家消防电子产品监督检验中心检验合格。

③研发出用户端安全云平台。

三、智能燃气自动化切断阀

①研发出可接收燃气泄漏数据的智能燃气自动化切断阀。

②系统使用寿命大于10年。

③阀门使用寿命大于10000次。

④阀门系统的平均工作电流为35 mA，最大工作电流为90 mA。

⑤自动关阀执行错误率小于0.61次/100万次。

⑥整机待机功耗小于10 μA。

⑦研发出用户端安全云平台。

实现GIS电子地图监控功能：用户端燃气泄漏定位、智能切断，以及判断设备状态等，并在 GIS 电子地图显示。

四、智能云网关 24 小时运行，智能手机终端，包括安卓平台与 iOS 平台

利用 GIS 技术、通信技术、工业控制技术以及计算机软件数据远程传输技术，以互联网及多平台移动终端为载体，实现燃气智能化的实时监控。实时监控工作的关键点在于：数据远传、转发技术及数据传输过程中的安全性防护；多种类、多来源、大数据的存储及数据查询的执行效率。

第四节　燃气用户安全信息监控平台的实施方案

一、方案实施过程

以深圳市中燃科技有限公司为例进行说明。

燃气用户安全信息监控平台采用联合研发方式进行建设，双方发挥各自的产业优势，即深圳市中燃科技有限公司负责软件的开发，深圳市深燃燃气技术研究院负责硬件燃气泄漏报警器和智能燃气自动化切断阀的研发。

成立项目组：该项目建立专项项目组，由项目经理、项目需求组、自控数据组、数据库组、系统开发组、系统质量管控组构成，公司常务副总阳志亮任项目经理。项目经理负责对项目整体进度及质量把控；项目需求组负责调研用户需求；自控数据组负责多种类数据传输及采集；数据库组负责多种类、多来源大数据的存储、管理及查询；系统开发组负责平台的研发、集成、部署；系统质量管控组负责平台研发过程质量管控和系统测试。

需求调研确认：项目经理及项目组需求分析成员，与用户建立联系，与集团从上到下的不同级别用户进行沟通，确定其需求与期望，以尽可能地满足用户的需求，确保项目成功。内容包括管理流程调研、功能需求调研、报表要求

调研、查询要求调研。

软件功能实现：项目开发人员根据需求调研阶段确认的《需求调研分析手册》中的用户需求进行具体软件功能的实现工作。

系统测试：在真实环境下，对用户网络及硬件设备进行测试，对软件系统进行容量、性能压力等测试，对软件的功能进行测试，确认是否符合用户的《需求分析报告》。

系统培训：根据用户的不同类型，按类别进行培训。

知识产权申请：申请软件著作权、专利，并发表论文。

验收：在项目结束后，对可交付成果进行验收。

成果推广：项目完成并通过验收后，首先在集团内进行推广，然后逐步向集团外推广。

实施步骤共分为以下两个方面。

（一）硬件方面

1. 燃气泄漏报警器及系统的研发

①依据《可燃气体报警控制器技术要求和试验方法》的规定进行设计制造，各项参数均满足标准规定。

②产品测试。

2. 智能燃气自动化切断阀及系统的研发

①通过对切断阀机械性能以及阀门防爆性能的研究，解决电机防腐，避免齿轮损坏和失效、漏液失效、阀门驱动电路烧坏等问题，提高智能燃气自动切断阀的性能和安全性。

②设计制造智能燃气切断阀。

③用户端系统基于手机 App。

④燃气企业管理系统基于电脑运行的软件开发，控制器采用 RS485 通信技术，对探测器实现远程逻辑控制，对各种故障进行准确判断。

控制器对探测器采用动态实时监控技术、实时动态数据采集分析技术和动态智能分析处理技术，实现对探测器远程进行灵敏度修正、调零和标定。通过电脑的大型存储器，可分类存储故障信息、报警信息、启动信息及事件信息；直接使用自带网卡，可配置网络通信，采用标准协议方式，实现无线远程组网及城市消防联网监控。

⑤产品测试。

（二）软件方面

云智能网关数据处理平台的开发：

①不同类型设备数据采集与传输技术研究，平台数据接入。

②云智能网关技术平台开发，大数据挖掘、分析。

③产品测试。

二、现有工作基础和条件

为了成功开发基于用户端的燃气安全信息化监控技术，经深圳市两大燃气单位——中燃集团和深燃集团高层多次有效沟通，决定实施强强合作，分别由其直属的专业开发公司深圳市中燃科技有限公司和深圳市深燃燃气技术研究院承担具体研发任务，其中深圳市中燃科技有限公司承担软件部分的开发，深圳市深燃燃气技术研究院侧重于燃气泄漏报警器和智能燃气自动化切断阀方面的攻关，双方既有分工又有合作。项目研发过程中，中燃集团和深燃集团给予人力、物力和实验条件等方面的支持。

（一）深圳市中燃科技有限公司

深圳市中燃科技有限公司，是中国燃气控股有限公司的全资子公司，成立于2012年，注册资本2000万元，其母公司是一家在香港联交所上市的跨区域综合能源服务商。

公司注重自主知识产权产品的研发，始终以技术为本、服务为先作为企业宗旨。公司现拥有中燃科技燃气客户服务管理系统、中燃科技燃气物资采购管理平台系统、中燃科技燃气预算管理系统、中燃科技燃气资金计划审批管理系统、中燃科技燃气投资管理系统、中燃科技燃气公司经营数据报表系统、中燃科技燃气技术管理系统、中燃科技燃气法务管理系统产品著作权。公司特别在 Java 及 NET Framework 设计开发技术、公司信息化解决方案、电子商务解决方案、工作流、数据仓库与数据挖掘等高端软件技术上积累了丰富的经验。

中燃科技公司是国内较早进入燃气行业软件开发及技术咨询服务的公司，现服务的企业遍及北京、上海、广东等全国23个省市地区，拥有200多家客户10000多活动用户实时在线。并且与一些知名软件公司建立了良好的战略合作关系，共同推动软件技术的应用。

公司现有办公场地5065. 96 m^2，职工人员127人，其中技术研发类人员65人，相关网络设备服务器共160台。

现有四项发明专利：

①基于卫星定位采集设备的巡检状态显示方法及装置。

②监察巡检人员的方法及系统。

③巡检方法及系统。

④隐患处理方法及系统。

现有19项软件著作权，其中包括：

①中燃燃气生产运营管理 GIS 系统 V3. 0。

②中燃燃气督办系统 V2. 0。

③中燃燃气法务系统 V2. 0。

④中燃燃气客服系统 V3. 0。

⑤中燃燃气经营报表系统 V2. 0。

⑥中燃燃气预算系统 V2. 0。

⑦中燃燃气装置应用系统软件 V1. 0。

⑧中燃燃气资金计划系统 V2. 0。

（二）深圳市深燃燃气技术研究院

深燃燃气技术研究院是深圳市燃气集团股份有限公司下属的全资子公司，主要负责燃气技术研发、应用及成果推广等创新研发工作，深圳市燃气集团股份有限公司为一家国有控股的混合所有制上市公司。深燃研究院现有专兼职科研人员 42 人，其中教授级高工 2 人，博士 3 人，高中级职称人员 38 人，人员专业覆盖了燃气、制冷、节能等多个方面。作为公司智库，深燃研究院全面负责制订企业技术发展战略。依托深圳燃气集团现有的科研、人才等综合优势和基础条件，其发展定位为建设和打造国内一流、行业领先的技术研发平台。在规划创新方面，深燃研究院积极关注国家节能减排方向，紧贴企业生产实际，重点开展天然气产业技术、燃气自动抄表的相关应用研究，促进创新人才培育和发展，在城市天然气余压余热能源高效利用、清洁能源的节能减排应用及优化城市能源结构等方面开展相关研究，进一步拓展天然气产业的多元化发展，为城市经济可持续发展提供安全、高效、可靠的能源保障。

深燃研究院重视自主创新能力建设，近年来先后获批成立了博士后科研工作站、企业技术中心、产学研合作基地等研发平台，研发经费投入逐年递增，拥有燃气基地和试验基地 9 万多平方米。截至 2014 年，深燃研究院共获得国家授权专利 35 项，在国内外核心期刊发表专业论文 120 篇，参加国家、行业及地方标准制定、修订 20 项，制定企业标准 56 项，获得国家及省部级科技奖励 8 项，获得政府资金资助和科研成果奖励等累计资金额度达到 1000 余万元。

结　语

燃气易燃易爆，稍有不慎，容易发生安全事故，造成人员伤亡和财产损失。2011 年 3 月 1 日，国务院《城镇燃气管理条例》（国务院令第 583 号）正式颁布实施，首次明确了燃气安全管理制度以及燃气安全事故预防与处理机制，对保障燃气行业安全运行发挥了重要作用。但是，当前燃气安全监管仍然存在一些薄弱环节，特别是燃气行业管理队伍和从业人员技术素质不高的问题较为突出。

燃气特别是天然气是重要的清洁能源，对于改善环境质量，优化能源结构，提高人民生活水平，推进经济社会健康持续发展具有重要作用。认真总结燃气安全管理经验，加强燃气基础知识的学习，全面普及燃气法规，切实加强城市燃气规划与建设管理，着力强化燃气工程建设与运行安全管理，了解掌握液化天然气技术与应用等知识，对于保障燃气供应，防止和减少燃气安全事故，保障公民生命、财产安全和公共安全，维护燃气经营者和燃气用户的合法权益，促进燃气事业健康发展等方面具有十分重要的意义。

参考文献

［1］赵磊．燃气生产与供应［M］．北京：机械工业出版社，2013.

［2］支晓晔，高顺利．城镇燃气安全技术与管理［M］．重庆：重庆大学出版社，2014.

［3］张喜明，赵嵩颖．建筑水暖电及燃气工程概论［M］．北京：中国电力出版社，2014.

［4］赵秀雯，于力，柴建设．天然气管道安全［M］．北京：化学工业出版社，2013.

［5］黄泽俊，虞献正，尹旭东．石油天然气管道 SCADA 系统技术［M］．北京：石油工业出版社，2013.

［6］刘燕．城镇燃气调度监控系统［M］．重庆：重庆大学出版社，2013.

［7］杨旭中，康慧，孙喜春．燃气三联供系统规划　设计　建设与运行［M］．北京：中国电力出版社，2014.

［8］刘松林，郑言．我国天然气安全评价与预警系统研究［M］．北京：经济管理出版社，2014.

［9］陈守海．天然气产业政策系统研究［M］．北京：中国法制出版社，2015.

［10］彭世尼，黄小美．燃气安全技术［M］．2 版．重庆：重庆大学出版社，2005.

［11］李庆林，徐罱．城镇燃气管道安全运行与维护［M］．北京：机械工业出版社，2014.

［12］迟国敬．城镇燃气安全运行维护技术［M］．北京：中国建筑工业出版社，2014.

［13］张引弟，伍丽娟，张瑞．燃气工程及应用技术［M］．北京：石油工业出版社，2016.

［14］段常贵．燃气输配［M］．5版．北京：中国建筑工业出版社，2015.

［15］张志贤，黄柏枝．燃气输配工程技术手册［M］．北京：中国建筑工业出版社，2015.

［16］王华燕．城市燃气安全管理［J］．中国科技博览，2013（5）.

［17］李刚．燃气管网巡查［M］．北京：中国建筑工业出版社，2013.

［18］白建国．市政管道工程施工［M］．3版．北京：中国建筑工业出版社，2014.

［19］谭洪艳，于革，郭继平．燃气安全技术与管理［M］．北京：冶金工业出版社，2013.

［20］陆文美．燃气用户安全检查［M］．北京：中国建筑工业出版社，2013.

［21］严铭卿，宓亢琪，等．燃气输配工程学［M］．北京：中国建筑工业出版社，2014.

［22］黄坤．液化天然气供应技术［M］．北京：石油工业出版社，2015.

［23］崔永章，史永征，陈彬剑．燃气气源［M］．北京：机械工业出版社，2017.

［24］王华忠．监控与数据采集（SCADA）系统及其应用［M］．北京：电子工业出版社，2010.

［25］袁国汀．城镇天然气管道工程手册　设计·材料·施工［M］．北京：中国建筑工业出版社，2015.

[26] 石仁委．天然气管道安全与管理［M］．北京：中国石化出版社，2015.

[27] 刘丽娜，王伟，张鑫．建筑设备工程［M］．北京：人民交通出版社，2013.

[28] 邢丽贞．地下管道工程技术［M］．北京：中国矿业大学出版社，2013.

[29] 冯春艳．天然气管道输送与管理［M］．北京：石油工业出版社，2013.